식물의 이름이 알려주는 것

일러두기

1. 식물의 학명과 보통명, 별명은 국가표준식물목록(www.nature.go.kr/kpni/
   index.do)과 국제식물명목록(www.ipni.org), 더 플랜트 리스트(www.theplantlist.org),
   위키피디아(www.wikipedia.org) 등을 교차 참고했습니다.

2. 각 장제목의 식물 이름은 학명과 보통명 이외에 일반적으로 대중에게 더 친숙한 유통명을
   붙이기도 했습니다.

3. 식물 이름의 어원에 대한 풀이는 참고자료에 명기된 논문과 단행본,
   각종 웹사이트와 블로그의 내용을 교차 참조했습니다.

4. 외래어 표기는 국립국어원의 외래어 표기법을 기준으로 하되, 식물의 국명은
   국가표준식물목록의 명명을 기준으로 했습니다. 따라서 국립국어원 표준대사전의
   표기와 다른 경우가 있습니다(예: 자스민, 로즈마리, 라넌큘러스). 또한 라틴어는
   《라틴-한글 사전》(가톨릭대학교 출판부)을, 고대 그리스어는 《스트롱코드
   헬라어사전》(로고스)을 참고했습니다.

5. 학명에서 spp.는 그 속에 속한 전체 종 또는 여러 종을 총칭한다는 뜻의 약어입니다.
   예를 들어 *Monstera* spp.는 몬스테라속에 포함된 여러 종을 뜻합니다.

식물의 이름이 알려주는 것

학명, 보통명, 별명으로 내 방 식물들이 하는 말

글 정수진

edit

좋아서 잘 기르고,
잘 길러서 더 좋아지는

화초를 팔기 전에도 나는 식물을 키웠다. 길을 가다 예뻐서 사온 게 절반, 친구나 지인이 선물로 준 게 절반쯤 된다. 그 식물들의 이름은 이렇다.

백정화와 금사철(01년, 구입), 로즈마리(03년, 선물), 트리안(04년, 선물), 거북알로카시아(08년, 구입), 구문초와 천대전송(10년, 실습용), 구슬세덤과 스킨답서스(13년, 구입)…

모아보니 제법 여러 가질 키웠지만 이 중 지금까지 살아 있는 식물은 없다. 언젠가 조경전문가의 강의를 들은 적이 있는데, 그분 말씀으론 애초에 실내에서 키우는 식물은 석 달만 멀쩡해도 오래 버틴 것이라며, 실내 환경에서 식물을 오래 키우는 건 현실적으로 어렵다고 하셨다. 나는 지금처럼 예전에도 식물 돌보는 일을 게을리하지 않았다. 식물을 들일 때 화분에 적혀 있는 방법대로 때맞춰 물을 주고, 햇빛을 보여주고, 추운 겨울엔 따뜻한 곳으로 옮겨주기도 했다. 그러나 빠르게는 한 달도 되지 않아서 죽고 아무리 길어도 1년을 넘기지 못했다.

그러다 몇 년 전 '공간 식물성'이라는 화초 가게를 운영하면서부터 나는 엄청 많은 식물을 전보다 훨씬 더 오래 키울 수 있게 됐다. 지금 집 베란다에는 가게를 시작할 무렵부터 키워 4~5년 넘게 기른 식물이 여럿이다. 그럼 식물을 오래 잘 기르려면 모두 화초 가게를 해야 하는 걸까? 당연히 그렇진 않지만, 다양한 식물을 다양한 방법으로 길러보는 시행착오야말로 식물을 키우는 가장 좋은 노하우를 얻는 일이라고 생각한다. 그리고 내겐 직접 겪은 시행착오만큼 도움이 된 게 또 있다. 가게를 찾는 손님들께 알려드리기 위해 열심히 찾아봤던 정보와 이미지다. 식물의 이름이 뭔지(도매 시장에서 알려준 이름이 정확하지 않을 때가 있어 늘 한 번 더 확인했다), 그 식물이 자연에서는 어떻게 자라는지, 계절마다 어떻게 길러야 하는지 등등.

내 가게에는 단골이 많았고 대개 동네 주민이었다. 그분들은 마실 삼아 가게에 들러 기르는 식물들의 근황을 나누고 상담을 받아 가시곤 했다. 그래서 언제나 공부가 필요했다. 나보다도 선인장을 더 많이, 더 잘 키우시는 아주머니에게는 그분이 아는 것 이상의 정보를 드려야 보탬이 될 것 같았고(늘 궁금증이 많으셨고 내가 잘 모르는 것 같아도 답을 내놓을 때까지 잠자코 기다리셨다), 반대로 이번에도 식물이 또 죽었다며 슬퍼하는 분껜 뭐가 문제인지 제대로 알려드

려야 할 것 같았다. 나는 손님들이 부담감과 실망보다는 즐겁고 가벼운 마음으로 식물을 기르기를 바랐다. 내가 그랬듯이.

그런 취지로 시도했던 활동 중 하나가 '식물 상담소'였다. 주로 아픈 식물들에 대한 이야기가 오갔다. 그때 상담소를 다녀간 분들은 모두 식물을 사랑했고, 그래서 애가 타는 분들이었다. 자기 나름대로 노력을 해도 여전히 식물 상태가 나빠지는 데다 인터넷으로는 딱히 이렇다 할 해결책을 찾기 어려워 혼란스러워했다. 예를 들면, 콩고라는 식물을 안방에서 기르는데 잎이 노랗게 변색되었다며, 분명 그늘진 곳에서도 잘 자란다고 해 그렇게 키웠는데 무엇이 문젠지 모르겠다며 식물 상담소를 찾은 분이 있었다. 그 증상의 원인은 환기가 잘되지 않는 안방의 환경, 빛의 양과 습도 부족이었다. 글로 써놓으면 참 허무할 정도로 간단하지만, 답을 내기 위해 현장에서는 많은 대화를 나누어야 했다. 식물을 기르는 사람의 상황에 따라 해법이 다 다르기 때문이다. 그러니 사실 "이 식물의 이름은 콩고이고 그늘진 곳을 좋아합니다"라는 말은 외우기 좋은 지침이긴 하지만 충분한 이야기는 못 된다.

나의 모토는 항상 '좋아서 잘 기르고, 잘 길러서 더 좋아지는'이었다. 식물을 돌보는 일에는 원예적 통찰과 즐거

움이 동시에 필요하기 때문이다. 이를 위해 식물의 이름과 습성, 생태에 관련한 정보를 연결하는 이야기가 있으면 좋을 것 같았다. 집이나 화원에서 흔히 볼 수 있는 식물들의 여러 이름을 소개하고, 그 이름들과 식물 사이에 어떤 관계가 있는지 알려주는. 식물의 이름은 단순하고 직관적인 작명도 있지만 연관성을 유추하기 어려운 경우도 많다. 그런 예시 중에 흥미로우면서도 식물을 이해하는 데 도움이 되고 애정도 도탑게 해줄 정보와 이야기를, 이 책에 실었다. 예를 들어 수국은 수국水菊이라는 한문으로 된 국명과 *Hydrangea macrophylla*(히드랑게아 마크로필라)라는 학명을 갖고 있다. 국명은 '물 수'에 '국화 국'이고, 학명은 고대 그리스어로 '물+항아리'와 '커다란 잎'이란 뜻이다. 물을 좋아한다는 점, 꽃과 열매가 국화를 닮았다는 점, 모양새가 항아리를 닮았다는 점에서 붙은 이름들이다. 또한 옥천앵두 또는 예루살렘체리로 유통되는 한 식물의 학명은 *Solanum pseudocapsicum*(솔라눔 슈도카프시쿰)으로 '가지속에 속한 개고추'(=가짜 고추)란 뜻이다. 먹을 순 없으나 가지나 고추와 유전적으로 가까운 식물이란 걸 알 수 있다. 유통명은 단지 생김새가 앵두, 체리와 비슷해 그렇게 붙은 것이다. 이렇게 이름과 이름의 유래를 연결 지으면 (비록 식물의 모든 걸 알진 못하더라도) 식물마다 스토리가 생긴다.

이 책을 쓰기 위해 지금껏 띄엄띄엄 알던 정보들을 모두 다시 찾고 처음부터 다시 배워야 했다. 그러면서 그간 잘 알지 못한 식물들에도 각별한 애정을 품게 되었다. 팬지, 라넌큘러스, 데이지, 원추리, 금목서 등이 그런데 대부분 꽃이 아름다운 식물이다. 이런 식물에는 다음과 같은 키워드가 붙는다. 생각하는 얼굴, 개구리와 함께인 식물, 대낮에만 뜨는 눈, 코끼리 색을 가진 나무…. 또한 우리에게 익숙한 원예식물은 대부분 까마득한 옛날부터 인간의 삶에 없어서는 안 될 중요한 역할을 맡아왔다. 장미, 카네이션 같은 대중적인 꽃을 비롯해 민들레, 로즈마리, 세이지, 타임 등 대체로 우리에게 향신료나 잡초로 익숙한 허브 식물이 그렇다. 그중에는 바다의 이슬이란 시적인 이름을 지닌 식물이 있는가 하면, 가난한 자들의 약초 또는 구원자로 통한 식물도 있다.

지금 눈으로 보고 손으로 만지는 우리 주변의 식물들을 좀더 이해하고 알아가며 전과는 완전히 다른 상상을 더하는 일에 이 책의 이야기들이 작게나마 보탬이 되길 바란다.

내가 자라는 환경, 향, 맛, 소리를 알려줄게요

내가 사는 곳, 관련된 사람을
알려줄게요

나의 쓰임과 구별법을
알려줄게요

내 이름을 기억해주세요

내 동생, 곱슬머리, 개구쟁이 내 동생
이름은 하나인데 별명은 서너 개
아빠가 부를 때는 꿀돼지, 엄마가 부를 때는 두꺼비,
누나가 부를 때는 왕자님
어떤 게 진짜인지 몰라 몰라 몰라

이 유명한 동요에서처럼 누군가, 또는 무언가를 부르는 명칭은 하나가 아닌 여러 개일 수가 있다. '이름은 하나인데 별명은 서너 개'라는 가사에서 이름은 일정한 약속에 따라 모두가 그렇게 부르기로 공인된 명칭을 말한다. 별명은 그 외의 명칭이고.

그렇다면 식물의 경우에는 어떨까? 식물에게도 공인된 이름이 있을까? 있다. 바로 '학명'이다. 사람으로 치면 본명, 진짜 이름인 셈이다. 학명은 한 지역, 한 나라에서만 부르는 게 아니라 전 세계적으로 통일해 부르는 공통된 이름이다. 그래서 식물이 가진 이름들 중 가장 중요하다고 할 수 있다. 학명 말고도 식물에게는 이명, 보통명, 유통명 등 여러 이름이 있다.

인간의 아기는 태어날 때 가장 먼저 공식적인 이름부터 지어진다. 그리고 성장하면서 별명이나 직함처럼 다른 여러 이름이 생긴다. 하지만 식물은 이와 반대로 여러 이름으로 제각기 부르다가 뒤늦게 공식적인 이름이 붙곤 한다. 왜 그럴까? 우리가 식물을 약이나 음식으로 이용한 것은 수천 년 전부터지만, 정작 이 식물들을 체계적으로 분류하고 공통의 이름을 부여한 건 지금으로부터 300년도 채 되지 않기 때문이다. 즉 식물의 이름에 대한 본격적인 표준화 작업이 18세기 들어서 이루어졌다.

현재 지구상에는 약 39만 종에 이르는 어마어마한 종류의 식물이 살고 있으며 해마다 2,000여 종이 새로 발견되거나 등록되고 있다. 그리고 이 전체 식물 종의 약 8퍼센트(3만 1,000종)는 우리의 생활에 직간접적으로 활용되고 있다.

식물의 공인된 이름, 학명

식물의 공식 명칭인 학명scientific name은 어떻게 처음 만들어졌을까? 학명은 식물분류학의 발전과 떼놓을 수 없다. 식물분류학은 여러 식물군을 적절한 기준으로 체계에 따라 분류하고 명명하는 식물학의 한 분과로 18세기 스웨덴의 생물학자 칼 폰 린네가 이명법二名法을 확립한 이후 크게 발전했다.

린네가 고안한 이명법은 현재까지도 생물의 학명을 짓는 데에 쓰이고 있다. 이명법이란 한자 그대로 '두 이름을 나열하는' 것이다. 여기서 두 이름이란 속屬, genus과 종種, species의 이름을 말한다. 즉 학명은 속명genus name과 종소명 species name을 나란히 나열한 것이다. 속명이 김씨, 이씨 같은 성씨라면 종소명은 철수, 영희 같은 이름이라고 볼 수 있다. 여기에다 명명자 이름과 변종[1]명, 잡종[2]명, 재배종[3]명 등을 덧붙여 쓸 수 있고 약자로 표시할 수도 있다.

학명 = 속명 + 종소명

예) 몬스테라 델리시오사

= *Monstera deliciosa*

(속명)   (종소명)

참고로 생물 분류의 단위는 가장 거대한 분류인 식물계 의 그 '계'부터 시작해 문-강-목-과-속-종의 하위분류로 뻗 는다. 하위분류로 갈수록 계통적·형태적으로 더 유사하다.

예) 몬스테라의 생물학적 분류

계: 식물

문: 속씨식물

강: 외떡잎식물

목: 천남성목

과: 천남성과

속: 몬스테라속

종: 델리시오사종 / 아단소니종 / 오블리쿠아종⋯

학명은 어떻게 정해질까?

18세기에 린네가 처음 연구·제안한 식물 7,700여 종의 학명은 지금도 여전히 쓰이고 있다(특히 우리에게 잘 알려진 허브나 관상식물 중 오랫동안 인류사와 함께한 식물은 린네가 그 학명을 지은 게 참 많다). 그리고 식물 연구가 이어지면서 학명은 현재까지 꾸준히 추가되고 있다.

학명 짓기의 첫 시작은 일단 채집이다. 이렇게 채집한 생물의 표본이 만들어지면, 이를 다양한 기준을 통해 기존에 있는 분류군과 대조하고 식물의 위치를 결정하는데 이 작업을 동정identification이라고 한다. 이 작업을 통해 새로운 종으로 밝혀질 경우 발견한 사람이 해당 식물의 학명을 부여한다. 하지만 그렇다고 해서 무엇이든 다 이름이 될 수 있는 건 아니다. 학명은 라틴어 또는 라틴어식 이름이어야 하며 속명과 종소명은 서로 같지 않아야 하는 등 국제명명규약ICN에 의거한 기준에 맞도록 지어야 한다.

그리고 이명, 보통명, 유통명, 별명

이명synonym

공인된 학명 이외의 다른 학명이다. 서로 다른 견해나 새로운 연구에 따라 식물은 분류 체계가 끊임없이 갱신되기 때문에, 한 식물에 대해 두 개 이상의 다른 분류명이 제안될 수 있다. 신뢰 수준이 가장 높은 학명을 제외하고 다른 이름은 이명이거나 검토 중인 학명이다.

보통명common name

복잡한 학명을 간단하게 만든 약칭 또는 보편적으로 쓰이는 이름을 보통명이라 한다. 보통명은 사람들의 언어가 다르므로 나라마다 또는 지역마다 다를 수밖에 없다. '국명', '영명'이 결국 다 보통명을 뜻한다. 국명은 국립수목원과 한국식물분류학회가 공동 관할하는 국가표준식물목록, 영명은 국제표준화기구ISO의 규약에 기초한다.

유통명

화훼 유통 시장에서 흔히 쓰는 이름이다. 대개 속명, 종소명, 품종명, 보통명, 별명에서 유래하며 때로는 이 명칭을 잘못 발음한 게 유통명이 되거나, 엉뚱하게도 다른 식물로

오해하고 잘못된 이름을 부른 게 유통명이 되어버리기도
한다.

별명

특정 지역에서나 특정 상황에서 부르는 애칭이나 특별한
이름이다. 예를 들어 팬지는 꽃이 피는 속도가 빨라 서양
에서 Johnny-jump-up(조니점프업)이라 한다. 원추리는 어린
잎과 꽃을 무쳐 먹기도 하는데 이런 탓에 재래 시장에서는
원추리의 어린순을 대개 넘나물이라고 부른다.

수많은 이름, 수많은 유래

한 연구에 따르면, 우리나라 조경식물의 보통명(국명)을 조
사한 결과 생김새와 색깔에서 유래한 이름이 약 53퍼센트
로 가장 많고 향, 냄새, 맛, 독성, 소리(예를 들어 열매를 터뜨릴
때), 수액, 개화 방식 등 생리적·생태적인 특성에서 온 것이
약 18퍼센트, 자생지와 도입국의 지명을 딴 것이 약 15퍼
센트, 인간 생활과 관련한 것이 약 5퍼센트, 신화와 설화가
기원인 것이 약 5퍼센트, 사람의 이름에서 따온 것이 약 4
퍼센트였다.

이처럼 하나의 식물에는 무척 많은 이름이 있다. 그리고 이름마다 대개 그에 얽힌 유래가 존재한다. 이름 부자인 만큼 수많은 에피소드를 갖고 있다는 뜻이다. 이 책에서는 이 같은 식물의 여러 이름 가운데 공인된 이름인 학명과 보편적으로 부르는 이름인 보통명에 집중한다. 이름이 생김새와 색깔에서 유래했는지, 자라는 모습과 서식지 특성에서 유래했는지, 맛과 향에서 유래했는지 등등에 따라 차례를 크게 나누었다. 다만 어원이 다양할 경우 이를 무시하고 넣기도 했다. 여기서 자세히 설명하지 못한, 또는 미처 다루지 못한, 이름에 관한 더 많은 이야기가 있다는 것을 이해해주길 바란다.

1 변종: 동일한 종끼리 교배해 형태의 일부분이나 생리적인
   특질이 다른 돌연변이. 원종(어떤 품종에 대하여 본래의 성질을
   가진 종자)과 구분된다.

2 잡종: 계통적으로 가까운 다른 종끼리 교배해 형태와 특질이
   다르게 태어난 개체군을 말한다.

3 재배종(재배품종): 주로 인위적으로 같은 종, 변종, 잡종끼리
   교배해 꽃과 열매의 색상, 개수 등이 다르게 태어난 개체군을
   품종이라고 하는데, 그 품종 중에서 농작물로서의 특정한
   목적(식용, 사료용, 원예작물용 등)으로 육종되어 그 형질을 계속
   유지한 것을 이른다.

나의 모습을 알려줄게요

식물의 이름을 지을 때 가장 흔한 방법은 그 외형적 특징에서 따오는 것이다. 학명은 물론이고 국명, 영명, 별명에 이르기까지 식물의 모습에서 착안한 이름은 무척이나 많다. 왜일까? 세부적인 분류군에 속하는 식물들끼리는 전체적인 형태가 비슷비슷해서다. 그래서 다른 속, 종과 구별이 되는 특징을 잡아서 이름을 짓는 경향이 있다. 이때 생김새나 색깔은 가장 직관적으로 눈에 띄는 차이일 수밖에 없다. 그래서 식물의 생김새와 색깔에서 유래한 이름은 전체학명 중에서 가장 큰 비중을 차지한다. 우리말인 국명에서는 더 말할 나위가 없다.

몇 가지 예를 보자.

식물의 전체적인 모습에서

아비스 *Asplenium nidus*

새 둥지처럼 생겼다. 종소명 *nidus*(니두스)는 '둥지'라는 뜻의
라틴어다.

필레아 페페로미오이데스 *Pilea peperomioides*

후추나무속인 페페로미아와 닮았다. 그래서 종소명이
peperomioides(페페로미오이데스)다.

소철 *Cycas revoluta*

야자나무를 닮았다. 속명 *Cycas*(시카스)는 고대 그리스어로
'야자나무', 종소명 *revoluta*(레볼루타)는 라틴어로 '뒤로 말린'을
뜻한다.

립살리스 *Rhipsalis* spp.

식물 전체가 버드나무 가지처럼 축 늘어진다.
Rhipsalis(립살리스)라는 속명은 '버들가지 울타리'를 뜻한다.

꽃의 모습에서

라일락 *Syringa vulgaris*

Lilac(라일락)이라는 보통명은 산스크리트어에서 '짙은
파랑'을 뜻하는 말에서 유래했다.

매발톱 *Aquilegia buergeriana*

꿀주머니가 매의 움켜진 발처럼 생겨 매발톱이다.

맨드라미 *Celosia argentea*

꽃이 수탉의 벼슬과 닮았다. 평안도 방언으로 볏을 뜻하는 '면두리'가 변형되어 국명이 맨드라미가 되었다.

목련 *Magnolia kobus*

꽃이 마치 나무에서 핀 연꽃같이 생겼다. 그래서 나무 목木, 연꽃 련蓮이 합쳐져 목련이다.

수선화 *Narcissus tazetta*

꽃의 부관이 작은 컵처럼 생겼다. 그래서 종소명이 '찻잔'을 뜻하는 이탈리어에서 온 *tazetta*(타체타)다.

안스리움 *Anthurium* spp.

꽃차례가 꼬리 같은 모양이다. 속명 *Anthurium*(안스리움)은 그리스어로 '꽃'과 '꼬리'를 뜻하는 단어가 결합된 말에서 유래했다.

자귀나무 *Albizia julibrissin*

꽃이 비단 실처럼 곱고 반짝인다. 종소명 *julibrissin*(줄리브리신)은 '비단 꽃'이란 뜻의 페르시아어에서 왔다.

제비고깔 *Delphinium grandiflorum*

꽃 모양이 고깔처럼 생긴 데다 제비가 찾아오는 계절에 핀다 해서 국명이 제비고깔이다.

장미 *Rosa* spp.

장미의 속명 *Rosa*(로사)는 '붉은색'을 뜻하는 라틴어다.

튤립 *Tulipa gesneriana*

꽃이 터번을 닮았다. 속명 *Tulipa*(튤리파)는 '터번'을 뜻하는
프랑스어에서 유래했다.

팬지 *Viola x wittrockiana Gams*

꽃잎의 무늬가 생각하는 사람의 얼굴과 닮았다. 그래서
'생각'을 뜻하는 프랑스어 pensée(팡세)에서 pansy(팬지)라는
이름이 나왔다.

잎의 모습에서

곰솔(해송) *Pinus tunbergii*

억센 잎이 곰 같아서 국명이 곰솔이다.

떡갈나무 *Quercus dentata*

잎 둘레가 톱니 모양이다. 종소명 *dentata*(덴타타)는
'톱니모양의'라는 뜻의 라틴어다.

몬스테라 *Monstera* spp.

이파리에 구멍이 숭숭 뚫린 게 괴이하다. 그래서
'괴이한 것'을 뜻하는 라틴어 monstrum(몬스트룸)에서
Monstera(몬스테라)라는 속명이 나왔다.

박쥐란 *Platycerium* spp.

잎이 사슴뿔처럼 생겼다. *Platycerium*(플라티케리움)이라는
속명은 '넓은 뿔'이라는 뜻의 고대 그리스어 합성어다.

좀회양목 *Buxus microphylla*

작은 잎이 풍성하게 달린다. 종소명인 *microphylla*
(마이크로필라)는 '작은 잎'이라는 뜻의 라틴어다.

수형, 줄기와 가지의 모습에서

노린재나무 *Symplocos chinensis*

나뭇가지를 태우고 남은 재를 우리면 노란 잿물이 나온다.
그래서 노린재나무다.

물푸레나무 *Fraxinus rhynchophylla*

가지를 물에 넣으면 물이 푸르스름하게 된다. 그래서
물푸레나무다.

은백양 *Populus alba*

줄기의 색이 희다. 그래서 예전에는 백양나무라고도 했다.
종소명 *alba*(알바)도 라틴어로 '하얗다'는 뜻이다.

화살나무 *Euonymus alatus*

줄기에 붙은 코르크질의 날개가 화살처럼 생겼다. 그래서
화살나무다.

사과나무 *Malus pumila*

키가 작은 나무, 즉 소교목이다. 그래서 라틴어로
'키가 작은'이라는 뜻의 종소명 *pumila*(푸밀라)가 붙었다.
멕시코소철, 푸밀라고무나무에도 모두 같은 종소명이
붙는다.

열매와 씨앗의 모습에서

가래나무 *Juglans mandshurica*

열매가 농기구인 가래와 닮아서 가래나무다.

마삭줄 *Trachelospermum asiaticum*

씨앗이 길쭉하다. *Trachelospermum*(트라켈로스페르뭄)이라는 긴
속명은 고대 그리스어의 합성어로 '목구멍'을 뜻한다. 참고로
마끈을 뜻하는 마삭줄이라는 국명은 질긴 줄기를 두고 붙은
이름이다.

산딸나무 *Cornus kousa*

열매 모양이 산딸기와 닮아서 산딸나무다.

제라늄 *Pelargonium inquinans*

씨방이 황새의 부리처럼 뾰족하다. 속명
Pelargonium(펠라르고늄)은 '황새'를 뜻하는 그리스어
πελαργός(펠라르고스)에서 유래한다.

싹의 모습에서

작살나무 *Callicarpa japonica*

겨울눈의 모양이 작살과 비슷해서 작살나무다.

뿌리, 가시, 털의 모습에서

시클라멘 *Cyclamen persicum*

뿌리가 둥글다. *Cyclamen*(시클라멘)이라는 속명, 보통명은
'둥근', '원'을 뜻하는 고대 그리스어에서 유래했다.

음나무 *Kalopanax pictus*

억센 가시가 아주 엄하게 보인다. 그래서 엄나무로 부르던 게
변형되어 음나무가 되었다.

참오동 *Paulownia tomentosa*

잎 뒷면에 털이 나 있다. 종소명 *tomentosa*(토멘토사)는 '털로
덮여 있다'라는 뜻의 라틴어 tomentosus(토멘토수스)에서
유래한다.

피라칸타 *Pyracantha* spp.

열매가 붉고 가지에 가시가 많이 달렸다. 속명이자
보통명인 *Pyracantha*(피라칸타)는 '불'과 '가시'를 뜻하는 고대
그리스어의 합성어다.

괴물처럼 또 치즈처럼,
기이하게 생긴 잎사귀

몬스테라

너의 이름은?

학명	*Monstera* spp.
국명	몬스테라
영명	Fruit salad plant, Fruit salad tree, Swiss cheese plant, Ceriman
유통명	몬스테라

어떻게 키울까?

종류	초본
분류	천남성과 몬스테라속
자생지	멕시코, 중앙아메리카 열대 지역
분포지	덥고 습한 곳
생육 형태	여러해살이, 덩굴성, 착생
높이	150cm 이상
번식	주로 꺾꽂이하여 온실 재배
개화기	여름
특징	추위에 약하다(13℃ 이상에서 키우는 게 좋다), 열매는 식용이나 줄기와 잎에는 독성이 있다

불과 몇 년 전만 해도 '원예'는 왠지 나이 지긋한 어른들의 흔한 취미쯤으로 여겨졌다. 청자 화분에 심은 난 앞에 앉아 애지중지 분무기로 물을 뿌리는 할아버지의 모습을 떠올렸달까? 그런데 최근 몇 년 새 식물에 대한 관심이 젊은 층으로 번지면서 원예라는 말보다는 가드닝이나 플랜테리어plant+interior(식물을 활용한 인테리어), 반려식물과 같은 말들이 좀더 친숙해졌다. 몬스테라는 이런 흐름에 크게 기여한 식물이다. 또한 거실에서 기르는 다양한 원예식물 중 여러 디자인의 모티브로도 많이 쓰인다. 그만큼 그 모습이 조형적으로 아름답다는 이야기일 것이다.

몬스테라는 멕시코의 자생식물로 본래 덥고 습한 환경을 좋아하기 때문에 대개는 온실에서 대량 재배한다. 몬스테라의 과실은 (우리나라에서는 생소하지만) 바나나와 비슷한 향이 나는 열대 과일이다. 지금도 남미 일부 지역에서는 몬스테라를 과실수, 즉 그 열매를 얻기 위한 목적으로 재배한다고 한다.

몬스테라를 봤을 때 가장 먼저 눈에 들어오는 부분은 바로 독특한 이파리일 것이다. 속명인 *Monstera*(몬스테라)는 '괴이한 것', '괴물'을 뜻하는 라틴어 monstrum(몬스트룸)에서 유래했다. 이파리가 이상하고 괴물같이 생겼다 하여 그런 이름이 붙은 것이다. 몬스테라의 잎은 정말로 몇 입 베어 먹은 하트 모양을, 누군가 심볼로 쓰기 위해 일부러 디자인한 것만 같다(그래서 그래픽 디자이너들이 유독 몬스테라를 사랑하는 게 아닐까?).

새잎이 나올 때 관찰해보면, 다 자란 잎사귀에서 갑자기(또는 서서히) 구멍이 뚫리는 것이 아니라 깔끔히 오려낸 것 같은 형태를 어린 잎사귀일 때부터 띠고 있다는 걸 알 수 있다. 이런 모양 때문에 서양에서는 Swiss cheese plant(스위스 치즈 플랜트)라고도 부른다.

몬스테라가 이렇게 온전하지 않은 듯한 형태의 '이상한' 잎을 가지게 된 이유는 무엇일까? 그건 특정한 환경에서 생존하기 위한 전략과 관련이 있다. 열대우림에서 자라는 식물은 무성한 이파리들 속에서 조금이라도 햇빛을 많이 보기 위해 끊임없이 경쟁을 한다. 다른 식물들보다 키가 크면 유리할 테지만, 그렇다고 무한정 커질 수는 없는 노릇. 그래서 동시에 가능한 한 잎의 면적을 넓히는 전략을 쓰곤 한다. 문제는 이렇게 잎이 넓으면 위에 난 큰 잎들이 빛을 가려서 아래로는 빛이 가지 않는다는 것. 몬스테라는 놀랍게도 자신의 잎에 구멍을 내서 아래쪽 잎에도 햇빛이 닿을 수 있도록 한 것이다. 또는 강한 비바람에 커다란 잎이 찢어지지 않도록 구멍이 나 있는 거라는 설도 있다. 어찌되었든 둘 다 똑똑한 생존 전략인 건 틀림없다.

나의 모습을 알려줄게요

몬스테라는 원래 축축한 곳에서 자라는 식물이지만 건조한 곳과 그늘진 곳에서도 잘 사는 편이다. 흙이 완전히 마르게 놔두지 않는 이상 쑥쑥 큰다. 또한 의외로 뭔가를 지지하고 올라가는 덩굴식물이기 때문에 단단하고 긴 막대에 줄기를 고정시키면 더 안정감 있는 형태로 자라난다.

● 몬스테라의 속명 *Monstera*는
  '괴물'을 뜻하는 라틴어에서 왔다
● 구멍이 뚫린 치즈 같은 모양 때문에
  Swiss cheese plant라고도 한다

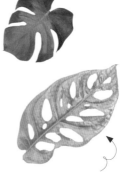

"나, 정말 치즈 닮았음?"

잎 끝이 가늘게 쭉쭉 찢어진 모양.
크게 뭉텅뭉텅 갈라진 모양 … 아주 다양하다

열매
생긴 건 옥수수 같은데
맛은 바나나랑 비슷하다

꽃
처음에는 도르르
말려 있다가 펴진다

위쪽에 있는 커다란 이파리의
갈라진 틈으로 빛이 들어와 아래쪽
쪼끄만 이파리까지 햇볕이 닿는다

뒤통수가
매의 발톱을 닮은 꽃

매발톱

너의 이름은?

학명	*Aquilegia* spp.
국명	매발톱
영명	Columbine
유통명	매발톱, 매발톱꽃

어떻게 키울까?

종류	초본
분류	미나리아재비과 매발톱속
자생지	중국, 일본, 러시아 동북부, 한국
분포지	산기슭, 초원, 숲의 가장자리
생육 형태	여러해살이
높이	60~120cm
파종 시기	2~3월
개화기	6~7월
특징	독성이 있다

매발톱은 양지바른 산기슭이나 들판에서 볼 수 있는 야생화다. 물론 '야생'화라고 해서 시골에 가야만 볼 수 있는 건 아니다. 요즘에는 도심 속 화단에서도 조경식물로 어렵지 않게 만나볼 수 있다. 해가 잘 들고 물이 잘 빠지는 환경이라면 어디에서나 잘 자라며 기르기도, 번식시키기도 쉽기 때문이다.

매발톱의 꽃은 고개를 푹 떨구듯 땅바닥을 향해 핀다. 흔하게 볼 수 있는 꽃의 색은 자주색, 분홍색 또는 짙은 청보라색, 노란색, 흰색 등이다. 그리고 그 안쪽에는 좀더 엷은 노란색 또는 흰색의 꽃이 들어 있다. 그런데 사실 진짜 매발톱의 꽃은 바로 이 안에 핀 것이다. 바깥의 잎은 꽃잎이 아니고 꽃받침잎[1]이다. 진짜 꽃의 크기는 안쪽 꽃이 활짝 피었을 때 지름인 3cm 정도밖에 되지 않는다. 이 꽃과 꽃받침잎은 마치 어린 시절 가지고 놀던 화려하고 고운 그라데이션 색상의 학종이를 떠오르게 한다.

그렇다면 이 고운 식물의 이름은 왜 하필 무시무시한 '매발톱'일까? 이름으로 유추해보면 분명 맹금류의 발톱처럼 보이는 부분이 어딘가 있을 텐데… 과연 어디가 그렇게 보이는 걸까? 그건 바로 꽃의 뒷면이다. 그래서 활짝 핀 매발톱 꽃을 정면에서 평면적으로만 보면 이름의 유래를 찾기가 어렵다. 꽃의 얼굴이 아니라 뒤통수를 봐야 한다. 매발톱의 꽃받침잎을 뒤에서 보면 (앞에서 보았을 땐 상상하기 어려운) '뾰족한 대롱'처럼 제법 입체적인 형태를 띠고 있다. 바로 이 부분이 먹잇감을 꽉 움켜쥐고 있는 매의 발톱처럼 생겼다. 정확히는 꿀주머니(거spur, 꽃뿔)라고 한다.[2] 이 꿀주머니는 말 그대로 식물이 달콤한 꿀을 모아 저장해두는 공간이다.

속명인 *Aquilegia*(아퀼레지아)도 '독수리'를 의미하는 라틴어 aquila(아퀼라)에서 유래했다는 것이 정설이다(매나 독수리나 발톱이 무섭게 생긴 맹금류인 건 마찬가지다). 참고로 매발톱과 같은 속에 드는 식물들은 전체적인 형태는 조금씩 다르게 생겼어도 모두 이런 뾰족한 꿀주머니를 지니고 있다.

매발톱은 서로 다른 종끼리 잡종 교배가 쉽게 일어난다. 다시 말해 자주색과 분홍색 꽃을 심었을 때 제3의 전혀 다른 색을 가진 꽃이 피어날 수 있다. 이렇듯 간단한 교

---

1 꽃받침을 이루는 부분을 뜻하며 꽃받침조각이라고도 한다. 보통은 녹색에다 평범한 이파리처럼 생겼지만 색이 고와 꽃잎으로 착각을 일으키는 경우도 있다.

2 이 기관이 꿀을 모으는 곳이란 점에 착안해 윌리엄 웨버라는 식물학자는 속명인 *Aquilegia*가 'aqua'(=물)와 'legere'(=모으다)의 합성어라고 주장하기도 했다.

나의 모습을 알려줄게요

배 방법으로 새로운 색과 무늬를 띤 꽃을 쉽게 감상할 수 있으니 기르는 사람들에게는 원예에 재미를 붙이기 딱 좋은 식물이라 할 수 있다.

● 매발톱의 속명 *Aquilegia*는 '독수리'를 뜻하는 라틴어에서 왔다
● 매발톱의 꿀주머니는 정말 맹금류의 발톱처럼 생겼다

뭔가를 꽉 움켜쥔 듯한 모양새! 바로 이 부분이 매발톱처럼 생겼다

"생긴 건 이래도 이 안에 꿀 있다"

꽃받침잎

꽃잎

매발톱은 잡종교배가 잘돼서
꽃의 색이 엄청 다양하다!

매발톱을 닮은 꿀주머니는 모두 5개다
꽃받침잎마다 하나씩!

꽃봉오리일 때

꽃이 활짝 피었을 때

나의 모습을 알려줄게요

외로운 수사슴의 뿔을
닮은 풀

박쥐란

너의 이름은?

학명	*Platycerium* spp.
국명	박쥐란
영명	Staghorn fern, Elkhorn fern
유통명	박쥐란

어떻게 키울까?

종류	초본
분류	고사리과 박쥐란속
원산지	호주, 뉴기니, 아프리카, 마다가스카르, 남부 아시아, 남아메리카의 열대 지역
분포지	덥고 습한 열대우림
생육 형태	여러해살이, 착생, 포자 번식
높이	30~70cm(포자엽), 60~90cm(전체)
특징	추위에 강하다 (그래도 -3℃ 이상에서 키우는 게 좋다)

박쥐란이 우리나라에서 인기를 얻기 시작한 건 몇 년이 채 되지 않는다. 예전에는 희귀 난 박람회에서 겨우 보이던 식물이 2010년대 중반부터 대량 수입되면서 식물원이 아닌 일반 화원에서도 만나볼 수 있게 되었다.

속명인 *Platycerium*(플라티케리움)은 '넓은'이라는 뜻의 고대 그리스어 πλατύ(플래티)와 '뿔'을 뜻하는 κέρατο(케라토)의 합성어다. '넓은 뿔'처럼 생겼다는 것을 유추할 수 있는데, 영명에도 보면 수사슴이나 엘크의 뿔을 지칭하는 단어인 staghorn이 들어 있다. 그래서인지 뿔처럼 생긴 이 식물을 작은 목판 조각에 착생시켜 헌팅 트로피[1] 모양으로 만든 상품을 더러 판매하기도 한다. 한편 우리나라 국명에서는 이 식물의 이름에 뿔이 아닌 박쥐가 들어가는데, 박쥐가 날개를 쭉 편 채 매달려 있는 모습 같아서다.

그건 그렇고, 박쥐'란'은 정말 난(蘭, 난초)일까? 보통 난초과에 속하는 식물의 이름에는 '-난'(-란)이 붙지만 때때로 식물학적으로 전혀 관련 없는 식물에 '-난'이 붙기도 한다. 박쥐란이 그렇다. 난초과에서 속하는 식물들에게는 공통점이 있다. 돌이나 나무껍질에 '붙어 사는' 것이다.[2] 박쥐란도 주로 나무의 등걸에 붙어서 자란다. 그러니 보기에는 난초가 맞는 것만 같다. 그러나 박쥐란은 난초와 달리 포자로 번식하는, 고사리와 같은 양치식물이다. 참고로 박쥐란속은 착생 양치식물이 속한 18개 속 가운데 가장 다양한 종을 보유하고 있다.

박쥐란은 두 종류의 잎을 갖고 있다. 하나는 영양엽營養葉으로 뿌리줄기를 방패처럼 둘러싼 갈색 잎이다. 뿌리의 수분을 오래 가두는 역할을 한다. 다른 하나는 포자엽胞子葉으로 위로 흘러나오듯 자란 잎을 말한다(바로 이 부분이 박쥐의 날개 또는 사슴의 뿔 모양을 하고 있다). 박쥐란은 다른 양치식물들과 마찬가지로 잎의 뒷면에 포자를 달고 있다. 야생에서 자라는 경우 자동차만큼이나 커진다고 한다.

손으로 직접 들어보면 보기보다 굉장히 가볍다. 착생식물인 박쥐란에게는 흙이 별로 필요하지 않아 보통은 코코넛껍질이나 나무껍질 위에 재배한 것을 판매하기 때문이

1 동물 머리나 뿔을 잘라서 만든 박제품으로 보통 벽에 건다. 사냥에 성공했다는 것을 과시적으로 보여주기 위한 기념품이다.

2 이런 식물을 '착생식물'이라고 한다. 숙주의 영양분을 빼앗거나 빼앗기지 않기 때문에 '기생식물'과는 다르다. 고온다습한 기후에 많이 산다. 흙 없이 키울 수 있는 경우가 많아서 집에서 키우기 좋다. 행잉 플랜트로 인기가 많은 틸란드시아가 대표적인 착생식물이다.

다. 건조함에 아주 강한 편이기는 하지만 1주일에 한 번 정도는 잎이 완전히 젖을 정도로 물을 줘서 수분을 충분히 흡수할 수 있도록 해주는 게 좋다.

◦ 박쥐란의 속명 *Platycerium*은
  '넓은 뿔'이란 뜻의 고대 그리스어다
◦ 우리나라에서는 박쥐가 날개를 펼친 것
  같다고 해서 박쥐란이라고 부른다

"나 멋진 사슴뿔처럼 생겼어요?
아니면 무서운 박쥐 날개처럼 생겼어요?"

헌팅 트로피처럼 만들어서
벽에 걸어 근사하게 인테리어 효과를 낸다

"그냥 좀 붙어 있는 거지
기생하는 거 아니거든!"

포자엽

뒷면에 포자가 달렸다

영양엽

뿌리의 수분을 지킨다

아늑한 새 둥지처럼 생긴
고사리

아비스(아스플레니움)

너의 이름은?

학명	*Asplenium nidus*
국명	둥지파초일엽
영명	Bird's-nest fern
유통명	아비스, 아스플레니움

어떻게 키울까?

종류	초본
분류	꼬리고사리과 꼬리고사리속
원산지	북아메리카, 아프리카, 인도의 열대 지역
분포지	덥고 습하며 직사광선이 들지 않는 그늘, 부식질의 토양
생육 형태	여러해살이, 착생, 로제트, 포자 번식
높이	약 60cm(원예종이 아닌 경우 150cm)
특징	직사광선이나 강한 햇빛을 쬐면 화상을 입을 수 있다

아비스는 밝은 연둣빛의 꼬불꼬불하게 기다란 잎이 특징인 양치식물이다. 꼬리고사리속에 속한다. 보통 고사리라고 하면 가늘고 긴 줄기에 오밀조밀 나는, 작고 섬세한 잎들을 떠올리겠지만 아비스는 줄기가 매우 짤따래서 거의 없는 것처럼 보이며 이파리는 중심부에서 바깥으로 몇 겹을 이루며 퍼진 로제트rosette[1] 형태로 자란다.

우리가 흔히 볼 수 있는 아비스는 원예종으로 개량된 것이라 크기가 50~60cm를 넘기기 힘들지만, 야생에서 자생하거나 식물원의 열대 온실에서 크는 아비스는 1m가 넘을 만큼 거대하다. 특이한 점은 땅이나 나무에 착생하며 물과 부식질을 흡수하면서 자란다는 것이다. 또한 따뜻하고 습하지만 직사광선이 비추지 않는 반그늘을 좋아한다.

자, 그럼 이름을 한번 보자. '아비스'라는 이름만으로는 이 식물에 대한 어떤 정보도 추측하기가 어렵다. 하지만 학명을 보면 이 식물의 모습을 상상할 수 있다. 바로 나무에 찰싹 붙어 있는 로제트 형태의 식물을! 아비스의 학명은 *Asplenium nidus*(아스플레니움 니두스)다. 이 중 종소명인 *nidus*를 주목하자. 우리가 흔히 보게 되는 아비스 원예종은 *Asplenium nidus 'Avis'*(아스플레니움 니두스 아비스)다. 라틴어로 nidus(니두스)는 '둥지'라는 뜻이고 avis(아비스)는 '새'라는 뜻으로, 합치면 '새 둥지'라는 의미다. 즉 새의 둥지와 닮아서 붙여진 이름이다. 영명인 Bird's-nest fern(버즈네스트 펀, 약칭 nest fern)도 같은 뜻이다.[2] 우리나라 유통 시장에서 쓰는 아비스라는 이름은 이 고사리의 품종명 *Avis*에서 가져온 것이다.

그렇다면 속명인 *Asplenium*(아스플레니움)에는 어떤 의미가 있을까? 종소명이 이 식물의 생김새에서 온 반면에 속명은 약초로서의 효능과 연관이 있다. splen(스플렌)이라는 단어는 라틴어로 내장 기관인 '지라'(비장)를 뜻한다. 과거에는 이 속의 식물이 지라에 든 병을 치유하는 용도로 자주 쓰였기 때문이다. 또한 아비스는 천식, 염증, 구취 등을 완화하는 데 도움이 된다고 해서 민간요법에 쓰이곤 했다. 지금도 대만에서는 볶음 요리에 흔히 넣어 먹는 채소라고 한다.[3]

1 짧은 줄기는 거의 땅에 붙어 있고, 중심부에서 바깥으로 잎이 방사형으로 퍼지는 식물. 대표적으로 민들레가 있다.

2 Bird's-nest fern은 꼬리고사리속에 속하는 식물 종에 두루 붙는 이름이기도 하다.

3 식감과 맛이 생미역과 비슷하다고 한다. 아비스는 독성이 없다고 알려져 있지만 원예종 역시 먹어도 안전한지는 확실하지 않다.

나의 모습을 알려줄게요

- 아비스의 원예종명 *nidus-avis*는 '새의 둥지'라는 뜻이다
- 영명도 새의 둥지를 뜻하는 Bird's-nest fern이다

이래 봐도 고사리다

"나처럼 화려하고 싱그러운 새 둥지 봤어요?"

돌돌 말려 있는 꼬리처럼 생긴
새잎

동그랗게 쫙 펼쳐진 모양으로
자라는 **로제트** 식물

대만에서는 반찬으로 볶아 먹는다
미역처럼 미끌미끌한 식감

나의 모습을 알려줄게요

마치 생각에 잠긴 듯한
얼굴로

팬지

너의 이름은?

학명	*Viola x wittrockiana Gams*
국명	팬지
영명	Pansy
유통명	팬지, 팬지꽃

어떻게 키울까?

종류	초본
분류	제비꽃과 제비꽃속
원산지	유럽 대륙 전역
분포지	해가 잘 드는 산지, 초지
생육 형태	한해살이풀 또는 두해살이풀, 숙근(겨울이 되면 줄기는 말라 죽고 뿌리만 살았다가 이듬해 봄에 새로 움이 돋음)
높이	12~30cm
파종 시기	9월~1월
개화기	4~5월
특징	추위에 강하고 더위에 약하다, 노지에서 월동 가능하다

오늘날 우리가 흔히 보는 팬지는 원예 문화가 발달한 영국과 네덜란드에서 야생 팬지의 여러 종을 교잡하여 만든 관상종이다. 유럽 전역에서 쉽게 볼 수 있으며 보통 노랑, 하양, 보라 이 세 가지 단색과 이 삼색이 뒤섞인 꽃이 가장 흔하다. 하지만 우리에겐 교배라는 기회가 있으니, 이를 통해 오렌지색이나 붉은 자주색 꽃도 볼 수 있다!

팬지는 *Viola tricolor*(비올라 트리컬러)라고도 부른다. 여기서 속명인 *Viola*(비올라)는 고대 라틴어로 '제비꽃'을 뜻한다. 그리고 종소명인 *tricolor*(트리컬러)는 '세 가지의 색'이라는 뜻이다. 이를 합치면? '세 가지 색을 지닌 제비꽃'이란 의미다. 참고로 우리나라에서는 팬지를 삼색제비꽃이라고도 부른다.[1] 나라는 달라도 사람들의 보는 눈은 같고 생각은 통한다는 걸 새삼 느낄 수 있다.

식물의 보통명은 학명보다 좀더 다양한 상상력을 불러일으키곤 한다. 팬지가 바로 그렇다. 팬지라는 이름은 어감상 귀엽고 발랄한 느낌을 주지만, 사실은 꽃잎의 무늬가 마치 생각에 푹 잠긴 사람의 얼굴로 보여 붙은 이름이다. 팬지라는 보통명은 '생각, 사색'이라는 뜻의 프랑스어 pensée(팡세)에서 왔다(블레즈 파스칼의 그 《팡세》다). 팬지의 꽃잎은 다섯 장인데, 위의 두 장에는 무늬가 없고 아래의 세 장에는 좌우 대칭의 무늬가 있다(무늬가 있는 종일 경우다. 무니가 없는 종도 있다). 바로 이 세 장의 잎이 나란히 이루는 무늬가, 언뜻 생각에 빠지거나 사색에 잠긴 사람의 진지한 표정을 떠올리게 한다는 것이다. 어원이 '생각하다'라는 뜻의 동사 penser가 아니라 명사인 pensée라는 것도 재미있다. 짐짓 단호하달까? 팬지 꽃을 한번 보자. 정말로 생각에 빠진 사람의 얼굴이 보이는지.

한편 서양에서는 팬지를 Johnny-jump-up(조니점프업)이라는 독특한 별명으로도 자주 부른다. 마치 어떤 스포츠 브랜드의 농구화 이름이 아닐까 싶은 이런 네이밍이 이루어진 데에는, 알고 보면 팬지의 특성과 딱 어울리는 이유가 있다. Johnny-jump-up이라는 관용어는 1800년대 중반 미국에서 사람들이 무언가가 훌쩍 자라는 모습을 비유하던 말이다. 굉장히 빠른 속도로 꽃이 피는 걸 보고 사람들이 팬지를 이렇게 부른 것이다. 하지만 우리나라에도 시대별 유행어가 있듯 이 말도 미국에서는 철 지난 표현이 된 것 같다. 지금은 단지 팬지를 일컫는 이름으로만 쓰이기 때문이다.

팬지는 서양에서 허브[2]의 한 종류로 널리 쓰인다. 플라보노이드flavonoid 성분이 심장 질환에 효과가 있으며, 열감과 가려움증에 진정 작용이 있어 특히 천식 같은 호흡기 질환에 좋다고 한다.[3] 허브로서의 팬지는 '마음의 안정과

평화'를 일컫는 heartease(heart+ease)라고도 부르는데, 이는 서양에서 약용으로 쓰이던 오랜 역사에서 비롯된 것이다.

내한성이 무척 강해서 영하의 날씨에서도 충분히 견디며 따라서 월동도 가능하다. 너무 더우면 웃자란다.

1 모든 팬지를 삼색제비꽃이라고 하는 건 아니고 몇몇 품종만
  그렇게 부른다.

---

2 예로부터 잎이나 줄기 등을 약이나 향료로 쓰는 식물을
  '허브'라고 한다. 진정 작용과 불면증에 도움이 되는 라벤더,
  소화 불량에 좋은 민트 등이 대표적이다.

---

3 관상용 팬지도 식용으로 쓰긴 한다. 주로 샐러드의 색감을
  살리는 용도로. 그러나 약효는 일단 야생 팬지에 한정한
  이야기이기 때문에 관상용 팬지를 약용으로 과다 섭취하는
  일은 없길 바란다!

나의 모습을 알려줄게요

팬지라는 이름은 '생각'을 뜻하는
프랑스어에서 왔다
꽃잎의 무늬가 생각하는 사람의
얼굴을 닮아서다
우리나라에선
삼색제비꽃이라고도 한다

"심장 질환, 호흡기 질환이
있으면 날 먹어요"

"나 지금 생각에
잠긴 거 같아요?"

위의 두 장은 무늬가 없고

아래의 세 장은 무늬가 있다

하양, 노랑, 보라
이 세 가지 색이 제일 흔하지만
교배로 다양한 색을 볼 수 있다

65

나의 모습을 알려줄게요

한때 가장 사치스러웠던

터번처럼

튤립

너의 이름은?

학명	*Tulipa* spp.
국명	튤립
영명	Tulip, Garden tulip
유통명	튤립

어떻게 키울까?

종류	초본
분류	백합과 산자고속
원산지	터키
분포지	점토질의 비옥하고 배수가 잘되는 토양
생육 형태	여러해살이, 구근
높이	4~50cm
파종 시기	10~11월
개화기	4~5월
특징	추위에 강하고 더위에 약하다

튤립이라는 꽃을 생각하면 바로 네덜란드를 떠올리는 사람이 많을 것이다. 워낙 많은 튤립 원예종을 재배하고 수출하는 나라이며 튤립 축제로도 유명하기 때문이다. 튤립은 완연한 봄을 알리는 꽃이다. 그래서 온화하고 따뜻한 곳만 좋아할 것 같지만 원래는 터키와 중앙아시아에 걸친 험준한 산악 지대에서 자라던 식물이다. 추운 곳에서 충분히 월동을 해야만 이듬해 꽃이 수월하게 피는 특성을 생각해보면 확실히 강인한 생명력을 가진 식물이 틀림없다.

Tulipa(튤리파)라는 속명은 '터번turban'을 뜻하는 프랑스어 tulipan이 어원이다(또는 페르시아 고어가 어원이라고도 한다). 꽃이 무슬림 남성이 머리에 두르는 터번을 닮은 데에서 유래한 것이다. 무슬림이라는 데에서 짐작할 수 있듯 역사적으로 튤립은, 오스만 제국의 술탄이 수집하던 희귀하고 아름다운 식물 컬렉션에 들어 있었을 정도로 권력과 돈을 갖고 있던 이슬람 국가들의 왕과 귀족에게 사치품 대접을 받았다. 그러다가 16세기 유럽, 특히 네덜란드의 식물학자들이 연구를 하기 시작했고 이 식물을 호시탐탐 노리던 화훼 산업계에 의해(뒷이야기에 따르면 거의 도난당하다시피 하여) 상품화가 이루어졌다.

그런데 초기에는 대량 재배에 큰 난관이 있었다. 번식 속도도 느리고, 이종 교배로 나타나는 돌연변이를 다른 식물들보다 예상하기 힘들었던 것이다. 게다가 어쩌다 생긴 돌연변이는 원종에 비해 예민해서 기르기가 까다로웠다. 이런 특성 때문에 대량 재배도, 또 새로운 원예종을 만들어내고 유지하는 것도 어려웠다(20세기에 들어와서야 변종의 원인이 바이러스라는 걸 밝혀냈다). 그러나 튤립은 그 때문에, 또 그럼에도 불구하고 귀족들과 상인들이 탐을 내는 식물이었다. 가치와 가격이 치솟기 시작한(황소 1,000마리를 팔아야 튤립 구근 40개를 살 수 있었다!) 이 귀족의 상징은 벼락부자에 대한 환상을 갖고 있던 평민층에 그 인기가 퍼져 심각한 투기 대상이 되어버렸다. 이는 인류 역사상 짧은 시간 동안 벌어진 가장 극단적인 투기 사례로 꼽힌다. "흡사 전염병처럼 퍼졌다"라고 묘사될 정도로.

네덜란드가 튤립의 나라가 된 데에는 이런 사회적·경제적 이유도 있지만 이 나라의 기후 및 토양이 튤립 재배에 안성맞춤이라는 점도 한몫했다. 유럽 대륙의 북서부에 위치한 네덜란드는 바다와 맞닿아 있어 밭에 물을 대기가 쉽고 바람이 많이 불어 통풍이 좋다. 해양성 기후와 대륙성 기후가 어우러진 네덜란드의 환경은 튤립이 자라기에 최적의 조건이었던 것이다.

그럼 엄청 더웠다가 엄청 추워지는, 사계절 기후가 명확한 우리나라에서는 튤립이 잘 자랄까? 다행히 잘 자란다. 워낙 추위를 잘 견디기 때문에 월동 가능한 종이 많아 베란다나 노지에서 기르기 좋다. 다만 무더운 여름엔 구근을 선선한 곳에 따로 보관해두는 게 좋다.

◦ 튤립의 속명 *Tulipa*는 '터번'을 뜻한다
◦ 대표적인 원예종 *gesneriana*는
  튤립을 연구한 식물학자의 이름을
  딴 것이다

튤립은 귀여운 **알뿌리**에
영양분을 저장하는 대표적인
구근식물이다

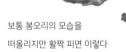

보통 봉오리의 모습을
떠올리지만 활짝 피면 이렇다

과거 사치품이었을 만큼
그 색이 화려하다

"겹겹이 두른 꽃잎이
터번과 닮았나요?"

나의 모습을 알려줄게요

열매가

그리스 펠트 모자를 닮은

필레아 페페로미오이데스

너의 이름은?

학명	*Pilea peperomioides*
국명	필레아 페페로미오이데스
영명	Chinese money plant, Pancake Plant, UFO plant, Lefse plant, Missionary plant, Mirror grass
유통명	필레아 페페

어떻게 키울까?

종류	초본
분류	쐐기풀과 물통이속
원산지	중국 쓰촨성과 윈난성
자생지	중국 남부
분포지	그늘지고 축축한 바위 사이
생육 형태	여러해살이
높이	5~30cm
특징	추위에 약하다(10℃ 이상에서 키우는 게 좋다), 습한 것을 좋아한다

필레아 페페로미오이데스(약칭 필레아 페페)가 관상용 식물로 알려진 건 아주 최근의 일이다. 우리나라에서 필레아 페페를 만날 수 있게 된 것도 불과 5~6년이 되지 않아, 그야말로 '핫'한 신상 식물이라고 할 수 있다. 사실 이 식물은 중국 남부 지방인 쓰촨성과 윈난성 일대의 산기슭에 드물게 자생하던 녀석이다. 지금은 원예 품종으로 시장에서 어렵지 않게 찾을 수 있지만, 야생으로서의 원종 식물은 워낙 희귀해서 멸종 위기에 처해 있다고 한다.

필레아 페페는 영어권에서 다양한 이름으로 부른다. 그중 선뜻 잘 이해가 가지 않는 것도 있는데 바로 Missionary plant(미셔너리 플랜트)다. 해석하면 '선교사 식물'이라는 뜻인데 왜 이런 이름이 붙었을까? 그 이유는 이 식물이 한 선교사의 손에 유럽으로 전해졌기 때문이다. 1945년 중국에서 선교를 하던 선교사 아그나르 에스페그렌이 윈난성 근처에서 이 종을 발견해 수집했다가 1946년에 고향인 노르웨이에 가지고 가면서 북유럽 전역으로 퍼져나갔다. 자료에 따르면 학계나 시장에서가 아닌, 아마추어 정원사들끼리 꺾꽂이로 나누면서 은밀하게 퍼진 식물 중 하나로 꼽힌다.[1]

그렇다면 학명에는 어떤 의미가 있을까? 먼저 속명인 *Pilea*(필레아)를 보자. 이 이름의 비밀은 열매의 생김새에 있다. 즉 이 식물의 수과[2]를 덮고 있는 껍질 모양이 고대 그리스인의 '펠트 모자'인 pileus(필레우스)와 닮았다고 해서 붙은 이름이다. 종소명인 *peperomioides*(페페로미오이데스)는? '후추나무속과 닮았다'는 뜻이다.[3]

하지만 생김새를 보고 있자면 열매보다 동그란 이파리가 눈에 더 띈다. 그리고 이 때문에 재미있는 이름도 많다. Chinese money(=장난감 돈), Pancake(=팬케이크), UFO, Lefse(=노르웨이에서 먹는 납작하고 둥근 빵) 등등(피막이속 식물인 워터코인과 매우 닮았고 물을 좋아하는 습성도 비슷하다).

필레아 페페는 거의 정확한 원 모양을 이루고 있는 다육질의 단단한 동전 같은 잎이 특징인데, 잎 뒷면의 기다

---

1 식물학계에선 1980년대까지 필레아 페페를 잘 알지 못했다. 그저 일부 지역에서만 자라던 이 식물이 널리 알려진 건 1984년에 식물 정보와 정원 문화를 소개하는 영국의 저명한 잡지 〈큐 매거진Kew magazine〉에 실리면서다.

---

2 익어도 껍질이 갈라지거나 터지지 않는 열매를 뜻한다. 얇은 껍질 안에 종자 하나가 꽉 들어차 있다. 그래서 열매가 종자 즉 씨로 보인다. 대표적인 게 해바라기 씨다.

---

3 영어에서 '후추나무속'을 뜻하는 peperomia(페페로미아)와 '~와 닮은'을 의미하는 -oid(-오이드)가 결합한 것이다.

나의 모습을 알려줄게요

란 잎꼭지가 줄기와 잎을 연결하고 있다. 이 잎꼭지는 약 10cm까지 자란다. 또한 줄기는 짙은 갈색이고, 빛이나 수분이 부족한 환경에서는 아래쪽 잎을 떨구는 특성이 있다.

- 필레아의 속명 *Pilea*는 열매가 고대 그리스의 펠트 모자를 닮은 데에서 유래했다
- 이파리가 아주 동그래서 UFO Plant라고도 한다

열매(수과)
고대 그리스 사람들이 쓰던 펠트 모자를 닮았다

필레아는 별명 부자다
이파리가 너무 동그래서!

"아닌데? 나 계란형인데?"

잎꼭지

줄기와 이파리를 연결하며 길게 자란다

잎

통통한 다육질이고
물을 좋아한다

나의 모습을 알려줄게요

피처럼 빨갛고
석양처럼 붉은

장미

너의 이름은?

학명	*Rosa hybrida*(원예종)
국명	장미
영명	Rose
유통명	장미

어떻게 키울까?

종류	초본, 목본(낙엽활엽관목)
분류	장미과 장미속
원산지	서아시아
분포지	배수가 잘되는 사질양토(모래 진흙)
생육 형태	여러해살이
높이	30~120cm
파종 시기	12~3월(아접묘), 3~4월(절접묘)
개화기	5~6월
특징	강렬한 햇빛을 좋아한다

찔레꽃, 해당화, 붉은인가목의 공통점은? 바로 장미속 식물이라는 것이다. 장미는 특정한 한 가지 종이 아니라 자연 잡종이나 개량종을 모두 일컫는다. 더욱이 지금도 해마다 수백 종씩 품종 개발을 하기 때문에 그 수가 엄청 많다.

우리나라에서 많이 기르는 (장미가 아닌 다른 이름으로 부르는) 장미속 식물은 찔레나무(찔레꽃), 해당화, 돌가시나무, 생열귀나무, 용가시나무, 붉은인가목 등이며 야생 장미 중에는 잎이 다섯 장인 (그래서 사람들이 장미인 줄 잘 모르는) 홑꽃도 있다. 하지만 지금 우리에게 가장 친숙한 것은 역시 꽃다발에 흔히 쓰이는 겹꽃의 관상용 장미다. 우리가 떠올리는 이 화려한 장미는 광복 이후 유럽, 미국 등지에서 도입된 개량종이다. 원래 장미는 서아시아가 원산지로 페르시아 제국, 중국, 그리고 지중해와 가까운 나라에서 기원전 약 3,000년부터 재배되었다고 알려져 있다.

학명을 보자. 원예종 장미의 학명은 *Rosa hybrida*(로사 이브리다)이다. 라틴어로 rosa(로사)는 '장미'를 뜻하는데, 이는 고대 그리스어 ῥόδον(로돈)에서 유래했으며 이 단어는 '붉은색'을 뜻하는 켈트족 고어에서 왔다. 다시 말해 장미의 어원은 그 붉디붉은 꽃의 색에서 온 것이다.

붉고 탐스러운 장미는 고대 이집트에서 부유한 계급의 상징이기도 했다. 즉 특권층만이 즐길 수 있는 귀한 꽃이었다. 그러다 그리스로마시대에 이르러 서아시아와 유럽의 야생종 사이에서 자연 변종이 생겨났고, 르네상스시대에 걸쳐 유럽 남부 전역에서 재배되며 폭풍적인 인기를 끌었다. 18세기에 이르러서는 아시아, 특히 중국의 원종이 유럽에 수입되어 본격적인 종간種間 교배가 이루어졌다. 이 시기를 기점으로 관상용 장미는 고대 장미old rose와 현대 장미modern rose로 나뉠 만큼 유전적 변화를 겪었다.[1]

장미는 삽목(꺾꽂이)으로 아주 쉽게 번식시킬 수 있다. 또한 하나의 개체에서도 (줄기의 생장점에서) 돌연변이가 쉽게 일어나고[2] 서로 다른 종끼리 교잡이 잘 일어나는 등 원예종으

---

1 고대 장미와 현대 장미의 가장 뚜렷한 차이는 1년생이냐 다년생이냐, 향기가 진하냐 약하냐에 있다. 고대 장미는 1년생에 향기가 진하고, 현대 장미는 다년생에 향기가 약하거나 없다.

2 생장하고 있는 가지나 줄기의 생장점에서 유전자 돌연변이가 일어나는 것을 '아조변이' 또는 '가지변이'라 한다. 아조변이가 일어나면 하나의 개체에 형질이 다른 가지나 줄기가 생긴다. 그래서 이 변이한 부분만을 가지고 접붙이기나 꺾꽂이를 하면 원래의 개체와는 형질이 다른 새로운 개체를 얻을 수 있다. 이러한 아조변이는 장미를 비롯해 카네이션, 사과, 배, 고구마 등에서 나타난다.

로 개량하기 좋은 장점을 두루 갖추고 있다. 150종이 넘는 원종 가운데 수십 종이 원예종으로 길러졌는데, 나라마다 이 종들을 다양하게 교배하고 있어서 이를 다 합치면 수만 종에 이른다.

장미는 꽃을 보기 위해 정원 또는 실내에서 재배하는 관상식물 중 제일 먼저 손꼽힌다 해도 과언이 아니다. 그러나 그 가치가 아름다운 꽃의 모습에만 있는 건 또 아니다. 향기, 열매, 그리고 열매를 짠 오일까지 식재료와 약재, 화장품 원료 등으로 활용도가 아주 높다. 특히 들장미 열매인 로즈힙rose hip은 비타민 C가 많고 항산화 효과가 있어 차, 수프, 잼, 오일로 유용하게 쓰인다.

장미의 속명 *Rosa*는 '장미'를 뜻하는
라틴어에서 왔다
장미의 어원을 거슬러 올라가면
'붉은색'을 뜻하는 켈트족 고어다

찔레꽃, 해당화, 생열귀나무…
알고 보면 다 장미다

"정열의 붉은색,
그게 바로 나의 이름이지"

나의 모습을 알려줄게요

뒤로 돌돌 말린
야자나무

소철

너의 이름은?

학명	*Cycas revoluta*
국명	소철
영명	Sago palm, King sago, Sago cycad, Japanese sago palm
유통명	소철

어떻게 키울까?

종류	목본(상록침엽관목)
분류	소철과 소철속
원산지	중국 동남부, 일본 남부
자생지	중국, 일본, 한국 남부
분포지	배수가 잘되는 따뜻한 반양지
생육 형태	여러해살이
높이	최대 약 7m
개화기	6~8월
특징	독성이 강하다, 가지가 없다, 건조함을 잘 견딘다, 직사광선에 약하다, 추위를 잘 견딘다(-10℃까지)

소철과에 딸린 속은 소철속 하나뿐이다. 이 말은 즉 다양성이 부족하다는 건데, 그 이유는 지구의 오랜 역사와 관련이 있다. 소철은 무려 쥐라기부터 백악기에 걸쳐 번성했으며 공룡이 멸종할 때 대부분 같이 멸종했다고 한다. 그래서 화석을 발굴하다 보면 소철의 흔적이 남아 있는 것들이 지금까지도 발견되곤 한다. 소철은 현재 약 160종이 있으며 이 중에 관상용으로 가장 인기 있는 건 레볼루타 *revoluta*이다.

소철은 세계적으로 조경용, 관상용으로 대량 재배되고 있고 특히 분재로 인기가 좋다. 대부분의 종이 적도 근처에서 집중적으로 자라고 있지만, 레볼루타는 적도에서 가장 멀리 떨어진 북반구에서 자생하며 그래서인지 다른 종에 비해 추위에 강한 편이다.

학명을 보자. 속명인 *Cycas*(시카스)는 '야자나무'를 뜻하는 고대 그리스어에서 유래했다고 한다. 또한 종소명인 *revoluta*(레볼루타)는 '뒤로 말린'이란 뜻의 라틴어다. 뒤쪽으로 돌돌 말려 있는 새잎의 생김새에서 따온 것이다. 즉 소철의 학명에는 '뒤로 돌돌 말린 야자나무'라는 뜻이 담겨 있다.

소철의 줄기는 다 자라면 지름이 20~30cm까지 커지는데 어릴 때에는 볼 수가 없다. 땅 밑에서부터 자라나기 때문이다. 그래서 아주 어릴 때에는 잎만 빼꼼 보이다가 나이가 들면서 점점 줄기가 보인다. 키는 다 커봐야 7m 정도라고 하니 다른 나무들에 비하면 그리 큰 편은 아니다. 게다가 굉장히 느리게 자라기 때문에 이 정도 높이가 되려면 50년 이상 걸린다.

우리나라에서는 왜 '소철'이라고 부를까? 그건 이 식물이 쇠약할 때 철분을 주면 살아난다는 옛 기록[1]에서 왔다는 설이 유력하다. 철은 모든 생물의 필수적인 구성 성분이자 식물의 광합성을 돕는다. 더구나 철이 부족하면 식물의 잎이 누렇게 변하기도 한다니 이 옛 기록은 꽤 그럴듯한 이야기다.

소철은 말리거나 익히지 않은 날것 그대로는 강한 독성이 있어 이파리든 껍질이든 절대로 먹으면 안 된다. 소철에 든 사이카신cycasin은 간이나 신장 등에 암을 유발하거나 신경계 마비를 일으키는 아주 무서운 성분이다. 특히 동물이 섭취하면 매우 위험하므로 집에서 키울 경우 반려동물이 먹지 못하게 조심해야 한다(먹으면 코피를 흘리거나 혈뇨를 보는 등의 증상이 나타난다).

그럼 식용으로는 전혀 사용을 못 하는 걸까? 그건 아니다. 줄기의 경우 오랫동안 물에 담가놓으면 독성이 빠져나가는데 이를 발효·건조해 안쪽의 전분[2]을 뽑아 요리에 쓸

나의 모습을 알려줄게요

수 있다. 그러나 무척 까다로운 과정이기 때문에 과거 기근이 닥쳤을 때 비상식량 정도로만 쓰였다. 그 예로 1920년 대 대공황 당시 일본 오키나와에서는 사람들이 먹을 것이 없어 소철로 연명했는데, 독을 미처 제거하지 않은 소철을 급하게 먹고 죽은 사람이 많았다고 한다. 일본 사람들은 기근과 경제 공황이 겹쳐 일어난 그때의 참상을 이른바 소테쓰지고쿠(ソテツ地獄: 소철지옥)라고 비유하기도 한다.

1 "나무가 마르면 이것을 뽑아서 사나흘 동안 볕에 내놓았다가 온 몸뚱이에 못을 박아 도로 땅에 심으면 이내 살아난다. 그래서 이름을 소철蘇鐵이라고 했다."_《지봉유설》, 이수광, 1614

---

2 소철 줄기에서 추출한 전분을 사고sago라고 한다(참고로 소철의 영명은 Sago Palm이다). 사고는 소철과 야자 등에서 추출할 수 있으며, 분말 형태로 가공해 수프나 푸딩 같은 요리에 쓴다. 타피오카 전분과도 맛이 비슷한데 타피오카는 카사바 뿌리로 만든 것이다.

- 소철의 학명 *Cycas revoluta*는
  '뒤로 말린 야자'라는 뜻이다
- 소철이란 국명은 이 식물이 약할 때
  철분을 주면 살아난 데에서 유래한다

"어린 야자나무 같다고?
이래 봬도 내 나이 쉰이야"

원줄기만 있고
가지는 없다

잎

어릴 땐 돌돌 말려 있다가
활짝 펴진다

열매

동그랗고 단단하다

암컷이삭

노랗고 둥근 털복숭이다

수꽃이삭

노랗고 길쭉한 원기둥이다

91 　　　　　　　　　　　　　　　　　나의 모습을 알려줄게요

버들가지처럼
늘어지는 선인장

립살리스

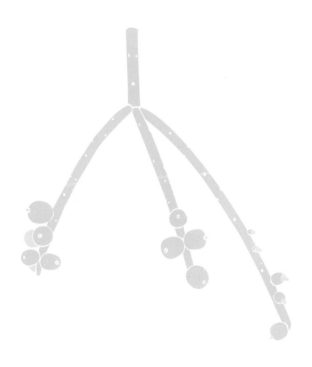

너의 이름은?

학명	*Rhipsalis* spp.
국명	립살리스
영명	Mistletoe cactus
유통명	립살리스

어떻게 키울까?

종류	초본
분류	선인장과 립살리스속
원산지	중남미, 일부 아프리카·아시아
분포지	축축한 열대우림의 나무껍질, 바위 사이, 절벽
생육 형태	여러해살이, 착생
높이	제한 없이 자란다
개화기	5~7월
특징	반그늘을 좋아한다, 습도가 높은 것을 좋아한다, 추위에 약하다

립살리스는 아마존 열대우림의 정글에서 쉽게 볼 수 있는 다육식물이다. 브라질을 비롯한 드넓은 중남미 일대에 많은 종이 분포해 자라고 있다. 그런데 특이하게도 중남미와 아주 멀리 뚝 떨어진 아프리카와 아시아의 일부 지역에서도 볼 수가 있다. 완전히 외따로 자연 발생한 종이 있다는 것이다(아마도 조류에 의해 전파된 게 아닐까 추측된다).

립살리스속에는 바위 같은 데에 붙어 사는 착생 선인장 중 가장 많은 종이 속해 있다. 하지만 우리가 흔히 떠올리는 선인장과는 다르게 뾰족한 가시가 보이지 않는다(사실 가시가 아예 없는 건 아니다. 털 같은 연한 가시가 드문드문 있다). 그래서 립살리스를 처음 발견한 학자가 이 식물을 선인장이라고는 전혀 생각하지 못할 정도였다.

립살리스는 요즘 화원에서 흔히 찾을 수 있는, 인테리어 소품으로 인기가 많은 원예식물이다. 아래로 흘러내리듯 멋들어지게 자라면서 아주 적은 흙에 심긴 채로도 잘 살기 때문에 이른바 행잉 플랜트라고 해서 끈이나 철사에 감거나 걸어서 기르기 좋다. 땅에서 나서 자라는 종도 드물게는 있지만 대부분 나무나 바위에 붙어서 자란다. 이처럼 착생식물인 탓에 생긴 이름도 있는데 바로 Mistletoe cactus(미슬토 캑터스), 번역하면 겨우살이 선인장이다. 겨우살이도 다른 나무의 가지 위에 붙어 기생하는 착생식물이다. 그러나 겨우살이가 나뭇가지에 얼기설기 엮인, 둥글게 뭉쳐 있는 새둥지 모양인 반면 립살리스는 줄기가 땅을 향해 하나하나 축축 늘어진다. 꽃은 줄기 옆이나 끝에 달리며 대개 지름 1cm 정도의 앙증맞은 크기에다 흰색이고, 꽃이 진 후에는 둥그런 구슬 같은 열매가 달리는데 이 열매는 빨갛게 익어 마치 산딸기처럼 보이는 것도 있다.

속명인 *Rhipsalis*(립살리스)는 고대 그리스어 ῥίφ(립스)에 라틴어 형용사형 어미인 -alis(-알리스)가 더해진 합성어로, 립스는 산사태를 방지하지 위해 비탈면에 조성하는 버들가지 울타리 또는 버드나무로 엮은 편직물 세공품(깔개, 바구니 등)을 뜻한다. 요즘으로 따지면 등나무 덩굴을 활용한 라탄 공예를 생각하면 쉽다. 버드나무 가지 특유의 유연하면서도 축 늘어지는 형태와 비슷해 붙은 이름이다.

립살리스 말고 가시 없는 선인장으로 인기가 많은 식물이 또 있다. 바로 파티오라 선인장[1]이다. 생김새 때문에 연필 선인장이라는 별명으로도 부르는데, 형태적으로

---

1 학명은 *Hatiora salicornioides*(하티오라 살리코르니오이데스)다. 선인장과와 립살리스속의 중위 분류인 립살리스아과에 속한다('아과'는 '과'와 '속'의 사이에 있다. 즉 과의 하위 분류이자 속의 상위 분류다).

나의 모습을 알려줄게요

립살리스와 꽤 닮았지만 축 늘어지지 않고 꼿꼿이 직립하며 자라는 게 다르다. 파티오라란 이름은 이 식물의 속명인 *Hatiora*(하티오라)가 와전된 것으로, 이 속명은 16세기 식물학자 토머스 해리엇을 기리기 위해 그의 성인 Hariot의 철자 순서를 바꾸어(명명법 지침에 따라 라틴어식으로) 만든 것이다.

- 립살리스의 학명 *Rhipsalis*는 '버들가지 울타리'를 뜻한다
- 다른 식물이나 바위에 착 붙어 산다고 해서 '겨우살이 선인장'이라고도 한다

"속았지?
이래 봬도 나 선인장이야"

뾰족하진 않지만 털 같은 가시가 난다
약간 애벌레 같기도?

나무나 바위에 뿌리를 내리고선
'버드나무'처럼 힘 빠진 모양으로
축 처지며 자란다

꽃은 작아도 화려

열매는 귀엽고 탱글탱글

내가 자라는 환경, 향, 맛,

소리를 알려줄게요

식물의 이름은 식물이 자라는 환경이나 자라는 모습(생태)의 특징에서 따오기도 한다. 이를테면 유난히 메마르고 척박한 기후에서 잘 자라거나, 또는 특이한 방식으로 꽃과 열매를 맺는 식물이라면 그 특징에 맞춰 이름이 붙는 것이다.

한편 식물이 내는 맛과 냄새 같은 생리적인 특성에서 이름을 따오기도 한다. 약용, 식용으로 쓰는 허브식물이나 재배작물에 흔히 이렇게 이름을 붙인다. 잘 구분해서 써야 하니까. 아울러 특이한 소리가 나거나 독성이 강한 경우에도 이런 사항을 바로 알 수 있게끔 이름에 반영한다.

몇 가지 예를 보자.

사는 곳에서

산호수 *Ardisia pusilla*

건조한 곳에서 잘 산다. 그래서 속명이 '건조한',
'척박한'이라는 의미의 라틴어 ardis(아르디스)에서 온
Ardisia(아르디시아)다.

라넌큘러스 *Ranunculus asiaticus*

개구리, 올챙이가 사는 축축한 흙에서 산다. 그래서 속명이
라틴어로 '작은 개구리'를 뜻하는 *Ranunculus*(라눙쿨루스)다.

로즈마리 *Rosmarinus officinalis*

따뜻한 해안가 기후에서 잘 자란다.
Rosmarinus(로즈마리누스)라는 속명은 '바다의 이슬'이라는
뜻이다.

자라는 방식에서

미모사 *Mimosa pudica*

잎을 건드리면 시든 것처럼 움츠러든다. *Mimosa*(미모사)라는
속명이자 보통명은 '마임, 연기자'라는 뜻의 고대 그리스어
μῖμος(미모스)에서 유래했다.

아디안툼 *Adiantum capillus-veneris*

비가 오면 이파리가 빗방울을 튕겨낸다. 속명인
Adiantum(아디안툼)은 고대 그리스어로 '젖지 않는다'는
뜻이다.

필로덴드론(셀로움, 셀렘) *Philodendron* spp.

기근(공기뿌리)을 이용해 다른 식물을 휘감아 오르는
덩굴성 식물이다. *Philodendron*(필로덴드론)이라는 속명,
보통명은 '나무를 좋아한다'는 뜻의 고대 그리스어다.

꽃이 피는 모습에서

데이지 *Bellis perennis*

낮 시간에만 꽃이 핀다. daisy(데이지)라는 보통명은 고대
영어인 dæg(=day)와 eage(=eye)가 합쳐진 단어로 '대낮에 뜬
눈'이라는 뜻이다.

무궁화 *Hibiscus syriacus*

수많은 꽃눈이 매일 개화하며 몇 달 동안 꽃이 계속 핀다.
그래서 없을 무無에 다할 궁窮을 합쳐 '무한히 피는 꽃'이란
뜻으로 무궁화다.

무화과 *Ficus carica*

꽃이 보이지 않고 열매를 맺는다. 그래서 없을 무無에 꽃
화花, 열매 과果가 합쳐져 무화과다.

오미자 *Schisandra chinensis*

수술이 양끝으로 갈라지는 형태를 띤다.
Schisandra(스키산드라)라는 속명은 '쪼개지다'라는 뜻의 고대
그리스어에서 유래했다.

트리쵸스 *Aeschynanthus radicans*

꽃이 수줍은 듯 오랜 시간에 걸쳐 피어난다. *Aeschynanthus*(아이스키난투스)라는 속명은 '부끄러워하는 꽃'이라는 뜻이다.

열매를 맺는 모습에서

은행목 *Portulacaria afra*

열매 껍질이 벌어지면서 씨앗이 나오는데, 그 모습이 마치 문이 열리는 듯하다. *Portulacaria*(포르툴라카리아)라는 속명은 '샛문'을 뜻하는 라틴어가 어원이다.

맛과 향에서

감나무 *Diospyros kaki*

열매가 달다. 그래서 달 감甘이 붙어 감나무가 되었다.

딱총나무 *Sambucus williamsii*

잎을 비비면 화약 냄새가 난다. 그래서 딱총나무다.

금목서(목서) *Osmanthus fragrans*

꽃향기가 진하고 오래간다. 속명 *Osmanthus*(오스만투스)는 고대 그리스어로 '향기롭다'는 뜻이다.

내가 자라는 환경, 향, 맛, 소리를 알려줄게요

향나무 *Juniperus chinensis*

나무를 태울 때에 나는 향이 특징적이라 붙여진 국명.

소리와 독성에서

꽈리 *Physalis alkekengi*

씨를 입에 넣고 공기를 넣어 지그시 누르면 나는 소리
때문에 꽈리다.

철쭉 *Rhododendron schlippenbachii*

꽃에 독성이 있어서 먹으면 걸음을 비틀거리게 된다. 그래서
'머뭇거리다'라는 뜻의 한자어 척촉躑躅이라고 부르던 게
변형되어 철쭉이 되었다.

뽕나무 *Morus alba*

열매를 많이 먹으면 방귀가 나온다. 그래서 뽕나무가 되었다.

척박함을 견디는
작은 존재

산호수

너의 이름은?

학명	*Ardisia pusilla*
국명	산호수
영명	Tiny ardisia, Coralberry, Marlberry
유통명	산호수

어떻게 키울까?

종류	목본(상록활엽관목)
분류	자금우과 자금우속
원산지	한국, 중국, 일본, 대만, 인도
분포지	햇빛이 약한 상록수림의 저지대, 척박한 사질양토, 해안가
생육 형태	여러해살이, 포복성 생장(옆으로 뻗어나감)
높이	15~20cm
개화기	6월
특징	그늘을 잘 견딘다, 염분을 잘 견딘다, 열매에 약효가 있다

보기보다 그늘에서 잘 사는 식물들이 있다. 이런 식물들은 어떤 채광에도 웬만하면 적응하기 때문에 야생에서 쉽게 번식하고 실내에서 키워도 건강하다. 산호수가 그중 하나다. 동아시아가 원산지인 산호수는 우리나라의 제주도에도 자생한다. 낮은 높이에서 빛의 양에 상관없이 잘 크고 땅속줄기로 넓게 퍼지기 때문에 바람, 홍수 등의 피해를 막기 위한 목적으로도 심곤 한다.[1]

산호수의 학명에는 바로 이러한 생명력이 담겨 있다. 속명인 *Ardisia*(아르디시아)는 '건조한', '마른', '척박한'이라는 의미의 라틴어 ardis(아르디스)에서 유래했다. 아르디시아속(=자금우속) 식물이 대체로 척박하고 그늘진 땅에서 잘 적응하며 자라기 때문에 붙은 이름이다. 또한 종소명인 *pusilla*(푸실라)는 라틴어로 '약소한'이라는 뜻이다. 같은 자금우속 식물들(백량금, 자금우 등)과 비교했을 때 키가 작고 아담하기 때문에 그리 지어진 것으로 보인다(그래서 서양에서는 Tiny ardisia, 즉 '쪼그만 자금우'라고도 한다). 참고로 같은 자금우속 식물인 백량금의 종소명 *crenata*(크레나타)는 '톱니 모양의'라는 뜻의 라틴어다. 이는 산호수를 비롯한 자금우속 식물들의 공통점이기도 한데, 잎 둘레에 작은 톱니가 촘촘히 나 있는 듯한 특징적인 모습에서 왔다. 또한 같은 자금우속 식물이라도 백량금보다 산호수의 이파리가 더 톱니

같다. 열매만 보지 말고 이파리도 유심히 살펴보길!

그렇다면 이토록 적응력이 좋은, 푸른 잎 식물의 어떤 부분이 '산호수'라는 국명과 관련이 있을까? 사실 산호수라는 이름은 '열매가 산호처럼 붉다'고 해서 일본에서 그렇게 부르던 것을 그대로 가지고 온 것이다.

산호수는 잎 자체도 아름답지만 역시 줄기 가운데에서 달랑거리는 붉고 영롱한 열매가 매력 포인트다. 산호수를 비롯한 자금우속의 식물들은 잎이나 줄기의 형태는 조금씩 다르지만 대부분 이렇게 붉고 동그란 열매를 맺는다는 공통점이 있다. 그래서 자금우속에 드는 식물들을 서양에서는 Coralberry(coral은 '산호', berry는 '산딸기류 열매'라는 뜻)라고 한다. 열매만 귀여운 게 아니다. 꽃이 피는 모습도 정말 귀엽다. 앙증맞은 흰색 또는 옅은 분홍색의 방울 같은 꽃이 (열매보다 조금 작은 크기로) 귀걸이처럼 대롱대롱 달린다.

---

1 자라면서 땅 표면을 덮어 비바람으로부터 토양 침식을 막아주는 이런 고마운 식물을 '지피식물'이라고 한다. 대표적인 게 잔디다.

- 열매가 붉은 산호색이라서
  산호수라고 한다
- 산호수의 속명 *Ardisia*는 '건조한',
  '척박한'을 뜻하는 라틴어에서 왔다

이파리가 둥근 톱니처럼 생겼다
모든 자금우속 식물들의 특징!

동글동글하고 선명한
붉은색 열매가
매력 포인트

열매와 도저히 우열을 가리기 힘든
꽃의 앙증맞음

내가 자라는 환경, 향, 맛, 소리를 알려줄게요

습지에서

개구리와 함께 크는

라넌큘러스

너의 이름은?

학명	*Ranunculus asiaticus*
국명	라넌큘러스
영명	Persian buttercup
유통명	라넌큘러스

어떻게 키울까?

종류	초본
분류	미나리아재빗과 미나리아재비속
원산지	서남아시아
자생지	서남아시아, 동남유럽, 지중해 지역
분포지	해가 잘 들고 습기가 많은 축축한 토양
생육 형태	여러해살이, 구근
높이	20~40cm
파종 시기	11월
개화기	4~5월
특징	독성이 있다, 습한 것을 좋아한다, 추위에 강하다(그래도 -10℃ 이상에서 키우는 게 좋다)

라넌큘러스속(=미나리아재비속)에는 약 500종이 넘는 식물이 있으며 꽃이 아주 곱고 아름다워서 관상 가치가 높은 종이 많다. 이 속에 속한 식물들은 교배를 통해 다양한 잡종을 쉽게 길러낼 수 있어 원예가들의 사랑을 받고 있다.

속명인 *Ranunculus*(라눙쿨루스)는 이 식물이 사는 환경과 밀접하게 연관되어 있다. 이 이름은 '개구리'를 뜻하는 라틴어 rana(라나)에 '무엇의 작은 형태'를 가리키는 라틴어 접미사 -unculus(-웅쿨루스)가 결합한 것이다. 다시 말해 '작은 개구리'나 '올챙이'를 뜻한다. 왜 식물의 이름에 파충류인 개구리, 올챙이가 들어가는 것일까? 그건 이 식물이 마치 개구리처럼 연못이나 습지 근처에 살기 때문이다. 그래서 인지 같은 미나리아재비속에 속하는 식물의 국명에도 유독 개구리가 붙는 이름이 많다. 개구리자리, 개구리미나리, 털개구리미나리, 개구리갓 등등.

종소명인 *asiaticus*(아시아티쿠스)는 라틴어로 '아시아의'라는 뜻이다. 서양에서는 보통명인 Presian buttercup(페르시안 버터컵)이라고 더 많이 부르는데 서남아시아에서 나는 자생종을 개량한 것이기 때문에 이런 이름이 붙은 것으로 추측된다.

아시아티쿠스는 우리나라에서 가장 사랑받는 라넌큘러스 원예종이며, 둥글둥글한 꽃잎이 겹겹이 싸인 모양의 겹꽃으로 꽃의 크기가 5~7cm 지름으로 소복하게 자란다. 꽃집에 가면 빨강, 주황, 노랑 등의 화려한 원색과 분홍, 하양 등 연한 색의 절화(꽃다발로 만들기 위해서 가지째 꺾은 꽃)나 분화(뿌리째 화분에 심은 꽃)를 흔히 만나볼 수 있다.

라넌큘러스는 우리나라에서 분류상 미나리아재비속에 속하는데 이 속에 들어간다는 건 그 이름에서 유추할 수 있듯 생긴 게 미나리 같다는 걸 의미한다.[1] 그런데 중요한 건, 생긴 것만 닮았을 뿐 미나리아재비속이라고 해서 진짜 미나리처럼 함부로 먹어서는 안 된다. 약효와 독성이 모두 강해서 올바르게 쓰지 않으면 인체에 해로울 수 있다. 실제로 미나리아재비(학명: *Ranunculus japonicus*)는 모간毛茛이라 부르는 약재로 진통, 해열, 황달 등에 효과가 있지만 어린순이나 건조한 식물체, 뿌리만을 약으로 쓰며 생으로 먹으면 위험하다. 미나리아재비속 식물들은 대부분이 생으로 섭취하거나 피부에 닿았을 때 독성을 나타낸다. 그러므로 산이나 들에서 이 식물을 만났을 때엔 함부로 꺾어 만지거나

---

1 미나리아재비에서 '-아재비'는 '-와 닮았다'는 뜻으로 붙는 접미어다. 특정 식물에 이 말이 붙을 경우에는 그 기준이 되는 식물과 비슷하다는 의미로 쓰이며, 분류학상의 연관성이 아니라 단순한 생김새 때문에 붙는 경우가 많다.

맛을 보거나 하지 말아야 한다. 야생에 나는 미나리아재비를 뜯어 먹은 사람들이 중독을 일으키거나 이를 먹은 가축들이 죽는 경우가 종종 있다고 한다.

● 라넌큘러스의 속명 *Ranunculus*는
  '작은 개구리'라는 뜻으로 개구리처럼
  연못이나 습지에 사는 데에서 유래했다
● 우리나라에서는 미나리와 닮았다고
  미나리아재비속에 속한다

"절 개구리라고 부르다뇨.
   너무해요"

겹겹이 꽃잎이
알차고 둥근 꽃 모양을 만든다
꽃다발로 단연 최고 인기!

하지만 잎만 보아선
미나리를 닮은 것도 사실!

내가 자라는 환경, 향, 맛, 소리를 알려줄게요

젖지 않는,
비너스의 머리칼 같은

아디안툼

너의 이름은?

학명	*Adiantum capillus-veneris*
국명	봉작고사리
영명	Maidenhair fern
유통명	아디안툼, 아디안텀

어떻게 키울까?

종류	초본
분류	비고사리과 공작고사리속
원산지	지중해 동부 연안, 오스트레일리아
자생지	미국 캘리포니아 남부, 중앙·남아메리카
분포지	폭포, 계곡과 가까운 암석 지대의 경사면
생육 형태	여러해살이, 포자 번식
포자 형성기	연중, 특히 6~8월
높이	30~70cm
특징	건조함에 약하다
	(잎에 자주 분무를 해주면 좋다)

아디안툼은 하늘거리는 연두색 이파리에 작은 물방울들을 도르르 굴리는, 싱그러운 모습의 식물이다. 아디안툼속(=공작고사리속)에는 다양한 자생종과 재배종이 있는데, 여기서는 원예종으로 많이 기르는 아디안툼 카필루스베네리스를 살펴볼 것이다.

학명을 한번 보자. 속명인 *Adiantum*(아디안툼)은 고대 그리스어로 '~하지 않는다'는 부정의 의미인 ἀ-(아-)에 '젖는다'는 의미인 δίαντος(디안토스)가 결합된 말이다. 합치면 '젖지 않는다'라는 뜻이다. 이는 아디안툼의 잎이 물방울을 튕겨내는 발수성이 있기 때문에 붙은 이름이다. 물론 다른 식물들의 잎에서도 물방울이 주르르 흘러내리기는 마찬가지지만 아디안툼은 마치 방수 처리된 옷의 표면에서처럼 물방울을 튕긴다. 비 오는 날 아디안툼을 보면 빗방울이 작게 방울진 채로 하염없이 굴러떨어지는 모습을 볼 수 있다. 바로 이 모습이 너무 맑아 보여 이런 이름을 지은 게 아닐까 싶다.

종소명의 의미도 이와 크게 다르지 않다. *capillus-veneris*(카필루스베네리스)는 '머리카락'을 의미하는 라틴어 capillus(카필루스)와 로마의 여신 Venus(베누스/비너스)에서 딴 것으로, 풀어보면 '비너스의 머리카락'이라는 뜻이다. 로마 신화에 따르면 비너스가 바다에서 나올 때 머리가 젖지 않고 뽀송뽀

송 말라 있었다고 하는데, 바로 이 신화에서 온 것이다. 학명 전체의 의미를 풀어보면 '젖지 않는, 비너스의 머리칼 같은 식물'이 되겠다.

영명도 보면 그 뜻이 재밌다. Maidenhair fern(메이든헤어 펀)이라는 이름은 은행나무의 별명인 Maidenhair tree에서 유래한 걸로 보이는데, 자세히 보면 진짜로 그 이파리가 은행나무 잎을 작게 줄여놓은 것 같다(참고로 maiden은 '아가씨', hair는 '머리칼'을 뜻한다). 이런 생김새에 대해 이탈리아의 작가 피에리나 보랑가는 다음과 같은 묘사를 하기도 했다.

"머리카락처럼 가늘고 광택이 있는 검은 잎꼭지에 달린 작고 예쁜 부채꼴 모양의 잎들이 물방울에 얼마나 흔들리는지는 중요치 않다. 작은 줄기는 가늘어도 버티는 힘이 세고 탄력이 있으며, 작은 잎들은 젖지 않는다. 아울러 이 연속적인 움직임은 우아하며 부드러운 가지에 아름다움을 더하는데, 이 가지들은 돌을 휘감아 목가적인 아름다움을 발한다."

아디안툼은 이런 이국적인 분위기 덕분에 많은 사람에게 사랑받는 원예식물이지만 또 은근한 빛과 높은 습도를 좋아하는 섬세한 식물이기도 하다. 아디안툼속에는 약

200종의 양치식물이 있다. 그리고 대개가 따뜻하고 온화한 지중해 기후의 대서양 연안, 오스트레일리아, 아메리카 중남부에 분포한다. 습도가 높지만 아주 축축하지는 않은 온대우림과 열대우림, 그리고 사막의 침엽수림 같은 물이 잘 빠지는 석회질, 사질양토에 서식하며 특히 골짜기나 바위 틈, 개울가에서 흔히 볼 수 있다.

○ 아디안툼의 학명 *Adiantum capillus-veneris*는 각각 '젖지 않는', '비너스의 머리칼'이라는 뜻이다

○ 이파리가 은행나무 잎을 닮아 서양에서는 '은행나무 고사리'를 뜻하는 Maidenhair fern이라 한다

시원하고 부드러운 느낌의 연두색 잎
은행나무 이파리를 닮았다

고사리과라는 증거!
돌돌 말린 어린잎

"비야, 니가 아무리 쏟아져 봐라.
내가 젖나"

내가 자라는 환경, 향, 맛, 소리를 알려줄게요

부끄러워하는 듯
수줍게 피는 꽃

트리쵸스

너의 이름은?

학명	*Aeschynanthus radicans*(원예종)
국명	아이스키난투스 라디칸스
영명	Lipstick plant
유통명	트리쵸스, 에스키난서스

어떻게 키울까?

종류	초본
분류	제스네리아과 아이스키난투스속
원산지	자바
자생지	자바, 말레이반도
분포지	축축한 암석 지대
생육 형태	여러해살이, 덩굴성, 착생
높이	10~120cm
개화 온도	21~27℃
특징	추위에 약하다, 습도가 높은 것을 좋아하나 건조함에도 강하다

아이스키난투스 라디칸스! 약간 마법주문 같기도 한 이 이름은 흔히 트리쵸스라고 부르는 식물의 것이다. 트리쵸스라는 이름은 이 식물의 예전 학명이었던 *Trichosporum*(트리코스포룸)에서 왔다. 말하자면 개명한 새 이름에 익숙해지지 않아 아직 옛날 이름으로 부르는 셈. 지금 이 식물의 공식 명칭은 앞서 말한 아이스키난투스 라디칸스다.

트리쵸스는 제스네리아과 아이스키난투스속에 속하는 상록 아열대식물로 서쪽으로는 인도에서, 동쪽으로는 솔로몬제도에 이르기까지 널리 분포하며, 약 150종의 덩굴식물로 구성된 큰 속이다. 이 속에 속한 식물은 모두 다른 식물이나 물체에 붙어 사는 착생식물이며, 착생하는 대상을 돌돌 감고 위로 올라가는 덩굴성이 많지만 땅을 기면서 옆으로 퍼지듯 자라는 지피성도 있다.

트리쵸스의 꽃은 대개 밝고 영롱한 붉은색이다. 잎은 가죽처럼 두껍고 질긴 다육질인 경우가 많다. 착생식물은 돌 틈이나 나무에 붙어 사는 탓에 수분을 오래 머금고 있을 수 없어서 건조하기가 쉬운데, 수분을 잃지 않기 위해 이파리에 있는 피하 조직의 큰 세포들이 다육질로 변화를 한 것이다.

속명인 *Aeschynanthus*(아이스키난투스)는 고대 그리스어로 '부끄러워하는'이라는 뜻의 αἰσχύνομαι(아이스쿠노)와 '꽃'을 뜻하는 ἄνθος(안토스)의 합성어다. 합치면 '부끄러워하는 꽃'이 된다. 짧은 관 모양의 꽃받침에서 꽃이 오랜 시간에 거쳐 빼꼼히 모습을 드러내는 데에서 어떤 '수줍은' 느낌이 들어서다. 이 꽃받침과 꽃의 모양 때문에 영명이 Lipstick plant(립스틱 플랜트)다. 그도 그럴 것이 채도가 높은 붉은색 꽃잎이 처음 나올 때 보면, 진짜로 립스틱 통을 돌려서 새빨간 립스틱을 위로 쓱 꺼낸 것만 같다.

종소명인 *radicans*(라디칸스)는 '뿌리내리다'라는 뜻의 라틴어 radico(라디코)에서 왔다. 바위틈에서도 뿌리를 내리고 자라나는 착생식물의 모습을 있는 그대로 설명하고 있다. 이 식물은 말레이반도 아열대 지역의 습한 암석 지대에 자생하지만 건조한 환경에도 무척 잘 버틴다. 그래서 우리나라 보통의 가정집 실내의 온도나 습도에도 곧잘 적응해 기르기에 부담이 없다. 그래서 라디칸스는 아이스키난투스속 중 우리에게 가장 흔한 원예종이 되었다.

립스틱 같은 귀여운 꽃들을 되도록 많이 보기 위해서는 지나치게 물을 자주 주기보다는 약간 말리듯 기르는 게 좋다. 또한 식물 크기에 비해 약간 적다 싶은 양의 흙에 심거나 나무껍질에다 심는 게 좋다. 기본적으로 흙이 거의 없는 암석 지대에서 자라기 때문이다.

- 트리쵸스는 옛날 이름이다
  새 이름은 아이스키난투스 라디칸스!
  고대 그리스어로 '부끄러워하는
  꽃'이라는 뜻이다
- 꽃받침 위로 솟아오르는 붉은 꽃잎
  때문에 Lipstick plant라고도 한다

"저기요... 제가 부끄럼이 좀 많아서...
　　다른 데 좀 보고 계실래요?"

나무나 돌에 붙어 사는
착생식물

도발적인 붉은색 **꽃잎**과
검붉은 **꽃받침**의 아찔한 조화

"립스틱 플랜트라고
부를 만하죠?"

잎은 두툼한 다육질
수분을 잃지 않기 위해서다

내가 자라는 환경, 향, 맛, 소리를 알려줄게요

대낮에 뜬
눈처럼

데이지

너의 이름은?

학명	*Bellis perennis*
국명	데이지
영명	Common daisy, Lawn daisy, English daisy
유통명	데이지

어떻게 키울까?

종류	초본
분류	국화과 벨리스속
원산지	서유럽
분포지	배수가 잘되는 양지바른 곳
생육 형태	(주로) 여러해살이
높이	~10cm
개화기	3~9월
특징	번식력과 생명력이 강하다, 추위를 잘 견딘다

데이지는 (자스민처럼) 국화과의 다양한 식물을 가리키는 이름이면서 동시에 국화과 전체를 통칭한다.[1] 하지만 보통은 그냥 '데이지'라고 하면 유럽, 지중해 연안이 원산지이자 국화과 벨리스속에 속하는 잉글리시 데이지English daisy를 가리킨다. 여기에는 다양한 관상용 품종이 재배되고 있다.

데이지의 학명인 *Bellis perennis*(벨리스 페레니스)는 직관적으로 알기 쉬운 단어들의 조합으로 이루어져 있다. 먼저 속명인 *Bellis*(벨리스)는 '사랑스러운', '귀여운'을 뜻하는 라틴어 bellus(벨루스)가 어원이며,[2] 종소명 *perennis*(페레니스)는 '계속되는', '영원한'을 뜻하는 라틴어다. 또한 perennis는 '여러해살이', '다년생'을 의미하는 영어 perennial의 어원이기도 해서, 그만큼 오래 사는 국화과 식물의 특성을 나타내고 있다. 실제로 데이지는 한번 뿌리를 내리면 별다른 관리가 필요하지 않을 정도로 잘 자란다. 생태적으로도 번식력이 강하고 뿌리가 잘 내려서(서양에서는 부츠처럼 벗기 어려운 신발을 관용적 표현으로 daisy root, 즉 '데이지 뿌리'라고 할 정도다) 잔디밭에 심으면 잡초처럼 드넓게 퍼지곤 하는데 이 때문에 '잔디밭 데이지'라는 뜻의 Lawn daisy(론 데이지)라고도 부른다. 만일 정원이 작고 다른 식물도 골고루 같이 심고자 한다면 데이지의 이런 잡초 같은 성질이 상당히 번거롭게 느껴질 것이다. 하지만 다른 한편으론 이런 점 때문에 토양

침수를 막아주는 지피식물로서 유용하게 쓰이기도 한다.

영명인 daisy의 어원은 고대 영어인 dægeseage다. dæg (=day)와 eage(=eye)가 합쳐진 단어다. 직역하면 '낮의 눈', 의역하면 '대낮에 뜬 눈' 정도가 되지 않을까? 이는 해가 떠 있는 시간에만 꽃잎이 활짝 열리고 해가 진 밤에는 오므라들기에 붙은 이름이다.

흰색, 분홍색, 붉은색의 꽃이 피고 키는 10cm가 채 넘지 않아 아담하다. 원산지인 유럽에서는 (국화과 식물들이 흔히 그렇듯) 허브로 이용해왔다. 특히 데이지의 꽃과 어린잎은 식용이 가능하고 비타민이 함유되어 있어 지금까지도

1　서양에서는 국화과를 daisy family(데이지 패밀리)라고 부르기도 한다. 국화과 중에는 (아르기란테뭄속인) 마가렛 데이지, (쑥갓속인) 일본 데이지, 샤스타 데이지, 옥스아이 데이지, 그리고 (거베라속인) 거베라 데이지, (펠리시아속인) 블루 데이지 등등이 있는데 흔히들 그냥 다 데이지라고 부른다. 번행초과, 산토끼꽃과, 질경이과에 속하는 몇몇 종도 마찬가지다.

2　데이지는 오래전 상처를 치료하는 약초로 많이 쓰였는데, 특히 전쟁터에서 병사들 구급약으로 자주 썼다. 그래서 '전쟁'을 뜻하는 라틴어 bellum(벨룸)에서 그 속명이 유래했다는 설도 있다.

샐러드나 차의 재료로 쓴다. 또한 민간에서는 데이지를 짓이겨 상처 난 곳에 즙을 바르면 상처가 아무는 효과가 있다고 해서 치료제로 썼다고도 한다.

데이지의 학명 *Bellis perennis*는
각각 '사랑스러운', '영원한'을 뜻한다

daisy라는 영명은 '대낮에 뜬 눈'을
의미한다. 낮에만 꽃잎이 열려서다

"아이참,
사람들이 저더러
사랑스럽고, 귀엽고, 예쁘고,
아담하고 그렇대요.
그것도 아주 영원히요"

꽃은 하양, 분홍, 빨강

   낮에만 눈을 뜨듯
꽃잎이 활짝 열린다

뿌리가 너무 억세고 사방으로
무섭게 뻗어나가서
종종 정원의 골칫덩이가 된다

꽃이 피지 않는다는
오해

무화과나무

너의 이름은?

학명	*Ficus carica*
국명	무화과나무
영명	Fig tree, Common fig
유통명	무화과나무, 무화과

어떻게 키울까?

종류	목본(낙엽활엽관목)
분류	뽕나무과 무화과나무속
원산지	아라비아반도(서남아시아)
자생지	서아시아, 지중해 연안
분포지	토심이 깊고 비옥한 곳
생육 형태	여러해살이
높이	2~6m
개화기	5~8월
특징	추위에 약하다, 나무의 유즙에 독성이 약하게 있다

대표적인 과실수로 화훼 시장에서 흔히 볼 수 있는 무화과나무. 무화과나무속에는 열대·아열대식물 850여 종이 속해 있다. 실내식물로 우리에게 친숙한 고무나무도 모두 이 무화과나무속이다.

무화과나무의 학명인 *Ficus carica*(피쿠스 카리카)는 라틴어로 무화과나무 그 자체를 뜻한다. 속명인 *Ficus*(피쿠스)는 '무화과나무'를, 종소명인 *carica*(카리카)는 '무화과'를 의미한다. 특히 *Ficus*는 공식 학명으로 쓰이기 오래전부터 이미 무화과나무를 부르는 이름이었다. 오늘날 무화과의 영명인 fig(피그)는 프랑스어로 무화과를 뜻하는 figue(피그)에서 유래했는데 이 단어의 어원 역시 라틴어 ficus다.

원산지는 서남아시아인데 기원전 9,200년 무렵 번성했던 문명의 유적 발굴지에서 그 흔적이 발견될 정도로 오래된 식물이다. 그 때문에 중동 지역에서는 농업의 형태로 재배된 거의 최초의 식물이라고 알려져 있다. 16세기에 영국으로 전해진 이후 19세기부터 미국을 비롯한 세계 각지에서 본격적으로 재배되었다고 한다.

우리나라에서 볼 수 있는 무화과나무는 아열대·난대 수종으로 전남 영암에서 과수용으로 대량 재배하고 있으며 가정집의 정원이나 실내에서 관상수, 조경수로 기르는 경우도 많다.[1] 어떤 품종은 기생벌이나 무화과말벌이 수분

(수술의 화분을 암술머리에 옮기는 것)을 하지만 우리나라에서 재배하는 무화과나무 대개는 이런 수분 과정 없이 열매를 맺는 품종이다. 또한 과실수는 보통 수년을 길러 성숙해 진 뒤에야 열매를 맺는데, 특이하게도 무화과나무는 어린 나무에서도 꽃과 열매가 맺는다. 복잡한 과정과 긴 기다림 없이도 비교적 쉽게 집에서 과일을 재배해 먹을 수 있기 때문에 초보 가드너에게도 인기가 높다.

무화과는 한자의 뜻 그대로 풀면 '꽃(=화花)이 없는(=무無) 과실(=과果)'이라는 뜻이지만, 사실은 꽃이 피지 않는 게 아니라 우리 눈에 보이지 않을 뿐이다. 무화과나무의 꽃은 잎겨드랑이(식물의 가지나 줄기에 잎이 붙은 부분의 위쪽)에서 항아리 같은 꽃차례(줄기나 가지에 달린 꽃의 배열, 또는 꽃이 피는 모양)가 나와 그 꽃차례 내부에서 핀다. 외부에서는 볼 수 없지만 안쪽으로는 빽빽할 정도로 꽃이 많이 핀다. 꽃이 지고 난 후에 이 꽃차례는 서서히 과실로 익어 가을께에 성숙하는데, 이것이 바로 우리가 먹는 달콤한 무화과 열매다.

무화과를 쪼개면 안쪽 중심부에 붉고 촘촘한 게 가득한데 이 부분이 암꽃, 수꽃이다.[2] 6월 즈음에 1차로 결실을 맺고 그와 동시에 그해 새로 나온 가지에 또다시 꽃봉오리가 달리기 시작, 초가을에 한 번 더 열매를 맺는다. 열매는 녹색, 어두운 적색 또는 노란색 등을 띠며 생으로 먹거나

내가 자라는 환경, 향, 맛, 소리를 알려줄게요

잼, 건과일로 가공해 먹기도 한다. 줄기는 회갈색빛을 띠며 다른 무화과나무속 식물들과 마찬가지로 나무에 상처가 나면 하얀 유액이 흘러나오는데 이 액체는 사람에 따라 피부염을 일으킬 수 있는 독성을 갖고 있다.[3]

1 우리나라를 비롯한 동아시아 열대 지역에선 주로 생과일
   그대로 먹을 수 있는 무화과나무 품종을 재배한다. 반면에
   미국, 인도, 중동 지역에선 주로 건조, 가공해서 먹기 위한
   무화과나무 품종을 재배한다.

2 무화과나무는 암꽃과 수꽃이 각각 다른 그루에서 피는
   암수딴그루 식물이다. 우리나라에서 재배되는 무화과나무는
   암꽃이 피는 그루뿐이라고 한다.

3 고무나무 줄기를 꺾으면 흘러나오는 유액은 라텍스 고무의
   재료이기도 하다(고무나무는 모두 무화과나무속이다).

내가 자라는 환경, 향, 맛, 소리를 알려줄게요

무화과나무의 속명 *Ficus*는 아주
오래전부터 무화과나무를 부르는
이름이었다

무화과의 한자 풀이는
'꽃이 없는 과실'이지만
사실은 꽃이 무척 많이 달린다

"그냥 깨물어 먹고,
잼으로 발라 먹고,
건조시켜 씹어 먹고,
어떻게 해도 맛있는
나는야 무화과"

꽃차례

"열매만 보이니까 꽃이 없다고
흔히 오해들을 하시죠"

잎겨드랑이

잎겨드랑이에서
항아리 모양의 꽃차례가 나온다
이 꽃차례가 익으면
달콤하고 몰캉몰캉한 무화과 열매!

이게 다 꽃이다

무화과나무의 잎

143   내가 자라는 환경, 향, 맛, 소리를 알려줄게요

단 하루 동안 피어나는
아름다움

원추리

너의 이름은?

학명	*Hemerocallis fulva*
국명	원추리
영명	Day lily, Orange day lily
별명	넘나물
유통명	원추리

어떻게 키울까?

종류	초본
분류	백합과 원추리속
원산지	동아시아
자생지	한국, 중국, 일본
분포지	양지바르고 비옥한 산과 들의 경계 부분, 산기슭, 밭둑
생육 형태	여러해살이, 숙근
높이	~1m
개화기	6~8월
특징	어떤 조건에서도 쉽게 적응한다, 습도가 높은 것을 좋아한다, 가뭄도 잘 견딘다, 뿌리에 독성이 있다

원추리속에는 전 세계에 약 14종의 원종(그리고 수만 가지 품종)이 있으며 거의 대부분이 아시아 지역에 집중되어 있다. 이제는 조경용 정원식물로 흔히 볼 수 있게 되었지만 본래 우리나라와 중국 등지에서 자생하는 야생식물로 지금도 산과 들에서 쉽게 볼 수 있다. 생명력이 강한 편이라 주변 환경을 가리지 않고 어디에서나 잘 자라기 때문에 잡초인 줄 아는 사람도 많다. 하지만 이 같은 생명력 때문에 정원식물로는 관리하기 쉽나는 장점도 있어 정원사들 사이에서는 '완벽한 다년생 식물'이라 부르기도 한다.

우리나라에서 원추리라고 부르는 데에는 이 식물의 중국명인 훤초萱草가 변한 것이라 알려지고 있다. 훤萱이 곧 원추리를 일컫는 한자로, 중국에서는 근심을 잊으라며 훤초를 선물하는 풍습이 있었다고 전해진다.

학명을 살펴보자. 속명 *Hemerocallis*(헤메로칼리스)는 그리스어로 '낮', '하루'를 뜻하는 ἡμέρα(헤메라)와 '아름다움'이란 뜻의 καλός(칼로스)의 합성어다. 합치면 '하루 동안의 아름다움' 정도가 되겠다. 말 그대로 하루만 꽃이 피는 개화 특성에서 착안한 이름이다. 종소명인 *fulva*(풀바)는 붉은 기가 있는 '적황색', '황갈색', '호박색'을 뜻하는 라틴어 fulvus(풀부스)에서 유래한 것으로 꽃의 색상을 묘사한 이름이다.

새싹은 납작한 부채 모양인데 자라면서 잎이 난 골이 더 깊게 파이며 점점 입체적인 형태가 된다. 늦봄까지 왕성하게 자라는 잎은 달달하고 시원한 맛이 있다. 그래서 우리나라와 중국에서는 원추리를 수확해 무침, 김치, 국 등으로 만들어 먹기도 한다.

봄까지 잎이 왕성하게 자라나면 여름에는 꽃대가 올라와 그 위에 6~8개의 꽃봉오리를 맺는다. 이 꽃들은 단 하루 만에 노란색, 주황색의 백합 모양으로 피었다 지는데 이 과정을 개화 기간 동안 매일 반복한다. 서양에서는 일반적인 백합속 꽃과 닮아 Day lily(데이 릴리)라고 흔히 부른다.

참고로 원추리와 참나리(학명: *Lilium lancifolium*)는 같은 백합과로 형태와 색상이 비슷한데 잎이 나는 모습을 보면 쉽게 구분할 수 있다. 줄기 윗부분까지 돋아난 잎이 있다면 참나리, 줄기 아랫부분에 잎이 뭉쳐나며 꽃대에 잎이 없다면 원추리다.

원추리는 양지바르고 양분이 충분한 땅이라면 어디에서든지 잘 자라며 꽃도 곧잘 피운다. 꽃이 지는 가을에 맺히는 씨앗을 받아 심거나 포기 나누기를 통해 새로운 화분을 만들어 키울 수 있다. 야생화이기 때문에 실내가 아닌 마당이나 베란다에서 충분히 월동을 시키며 길러야 잘 자라며, 지나친 관심보다는 무심한 돌봄이 필요한 식물이다.

- 원추리의 속명 *Hemerocallis*는
  '하루 동안의 아름다움'을 뜻한다
- 원추리라는 국명은 중국명에서
  왔다

노랑, 주황, 하양…
다양한 색과 무늬의 꽃이 핀다

꽃이 피고 지는 시간이 하루고
백합을 닮은 모양 때문에
Day lily라고도 한다

"처음에는 부채 모양이었다가 자라면서
점점 사방으로 퍼져 입체적인 모습이 되지요"

잎이 달달하고 시원한 맛이 나서
무쳐 먹고 국에 넣어 먹기도 한다
그래서 **넘나물**이라고도 부른다

내가 자라는 환경, 향, 맛, 소리를 알려줄게요

코뿔소 가죽 같은 나무에서
황홀한 꽃향기가

금목서(목서)

너의 이름은?

학명	*Osmanthus fragrans*
국명	금목서
영명	Tea olive, Sweet osmanthus, Sweet olive
별명	계화, 단계목
유통명	금목서, 목서

어떻게 키울까?

종류	목본(상록활엽관목)
분류	물푸레나무과 목서속
원산지	히말라야, 중국, 한국, 일본, 대만 등
자생지	동아시아
분포지	온난한 기후의 사질양토 어디든
생육 형태	여러해살이
높이	1~12m
파종 시기	3~4월 또는 9~10월(개화 6개월 전)
개화기	3~4월 또는 9~10월
특징	추위에 약하다, 강한 빛을 좋아한다, 건조함에 잘 견딘다, 꽃향기가 진하다, 식용 가능한 열매가 열린다

금목서는 물푸레나무과의 꽃식물로 이루어진 목서속 식물 중 하나로 계화[1]나 단계목이라고도 한다. 온난한 곳이라면 어디서든 잘 자라기 때문에 전 세계적으로 원예가들이 좋아하는 식물이며, 히말라야 산맥과 중국 일부 지역이 원산으로 알려져 있다. 금목서는 목서의 변종으로 중국 대륙에서 2,500년 넘게 재배되어왔지만 유럽에 알려진 건 불과 200여 년밖에 되지 않는다. 지금도 중국 남부 지역에서는 금목서를 가로수로 흔히 볼 수 있으며 금목서의 이름을 딴 축제도 열린다고 한다.

목서라는 이름을 한자로 쓰면 나무 목木에 코뿔소 서犀다. 나무껍질의 빛깔이 코뿔소 가죽 같은 회색빛을 띠어 붙은 이름이다. 목서는 나무에서 꽃까지 두루 보기가 좋은 식물이다. 관목이라고 하면 보통 낮게 자라는 덤불 형태의 가지가 많은 나무를 말하지만, 목서는 관목인데도 재배종은 3~4m까지도 거뜬히 키울 수 있으며 자생지에선 무려 수십 미터에 달할 정도로 크게 자란다. 또한 한 뼘 길이의 잎은 가장자리가 미세한 톱니 모양을 하고 있는 게 특징이며, 꽃은 앙증맞은 크기에 하양과 노랑, 주황의 빛깔을 띤다.

목서의 꽃은 잘 익은 복숭아 또는 살구 계열의 진한 향을 내뿜는데 이는 목서의 학명과도 이어진다. 우선 속명인 *Osmanthus*(오스만투스)는 고대 그리스어로 '향기롭다'는 뜻의

ὀσμή(오스메)와 '꽃'을 의미하는 ἄνθος(안도스)의 합성어다. 종소명인 *fragrans*(프라그란스) 역시 '달콤한 향기를 풍기는'이라는 뜻의 라틴어다.

중국에서는 목서의 꽃을 식재료 및 약재로 쓰는데 잼이나 케이크, 와인을 만들 때 풍성한 향을 내기 위해서도 쓰지만, 무엇보다도 녹차나 홍차에 말린 목서의 꽃잎을 넣어 같이 우려내는 계화차가 특히 유명하다. 계화차는 혈액순환에 도움이 되어 생리불순, 만성피로 등에 효과가 있다고 알려져 있다. 꽃이 진 후에는 짙은 보라색 열매를 맺는데 형태와 크기 모두 올리브를 닮았다. 그래서 서양에서는 흔히 Tea olive tree(티 올리브 트리. 차로 많이 먹는 올리브 나무라는 뜻)라고도 한다.

우리나라 남부 해안가에 자생하는 박달목서나 은목서 등의 목서속 식물도 꽃과 열매의 모습은 목서, 금목서와 비

---

1 계화桂花는 한자 그대로 풀이하면 계수나무 꽃이라는 뜻이다. 그래서 중국에서는 목서나무를 계수나무라고 부른다. 하지만 우리나라에서 계수나무라고 부르는 식물과는 전혀 다르다. 우리가 계수나무라고 하는 나무는 오색으로 물드는 단풍이 아름다운 낙엽활엽교목이다. 이파리가 달걀 모양이고 나뭇결이 좋아 목재로 잘 쓰인다.

숫하며 은은한 향기가 난다. 다만 금목서는 이들보다 더 강력한 향을 내뿜기 때문에 향수의 원료로, 관상용 고급 정원수로 더 많이 재배된다. 참고로 전남 완도수목원에 금목서 숲 터널이 조성되어 있어 9월 무렵엔 절정에 다다른 금목서 꽃의 황홀한 향기를 맡아볼 수 있다.

- 금목서의 속명 *Osmanthus*는 고대 그리스이로 '향기로운 꽃'이라는 뜻이다
- 목서의 한자 풀이는 '코뿔소 나무'다

코뿔소 가죽 같은 회색빛이 도는
나무껍질

"코뿔소의 색이라니.
어떻게 그런 생각을 했죠?"

가장자리가
톱니 모양인 **잎**

올리브를 닮은 **열매**

5mm 크기의 앙증맞은 주황색 꽃이
다닥다닥 모여 핀다

내가 자라는 환경, 향, 맛, 소리를 알려줄게요

다섯 가지 맛이 나는
열매

오미자

너의 이름은?

학명	*Schisandra chinensis*
국명	오미자
영명	Five-flavor magnolia vine, Five-flavor-Fruit, Schisandra, Schizandra, Chinese magnolia-vine, Magnolia berry
유통명	오미자

어떻게 키울까?

종류	목본(낙엽활엽관목)
분류	오미자과 오미자속
원산지	중국 만주, 한국
자생지	한국, 중국, 러시아 동부, 일본
분포지	높은 산기슭, 서늘한 반그늘, 습기가 많은 부식질 토양
생육 형태	여러해살이, 덩굴성, 암수딴그루
높이	6~10m
개화기	5~7월
특징	서늘한 곳을 좋아한다, 강한 햇빛을 좋아하지 않는다, 강풍과 공해에 약하다

오미자속에는 전 세계 30여 종의 식물이 있다. 주로 동아시아에 많이 분포해 있고 그중에서도 중국에 특히 많다. 그리고 약 12종이 약용이다.

오미자란 그 열매가 다섯 가지 맛(단맛, 신맛, 쓴맛, 짠맛, 매운맛)을 낸다고 해서 붙은 이름이라는 것을 모르는 사람은 별로 없을 것이다. 그런데 학명은 맛과는 상관이 없다. 속명인 *Schisandra*(스키산드라)는 고대 그리스어로 '쪼개지다', '틈', '균열'을 의미하는 σχίσις(스키시스), 또는 '분열'을 뜻하는 schizo(스키조)에 영어에서 '남성', '식물의 수술', '꽃밥'을 뜻하는 접미어 andr-(앤드르)가 더해진 것이다. 이는 오미자과에 속한 식물들의 수술 모양이 양쪽으로 갈라진 형태[1]인 데에서 유래한 이름이다. 종소명인 *chinensis*(키넨시스)는 처음 발견된 원산지명을 붙인 것으로 라틴어로 '중국의'라는 뜻이다. 참고로 우리나라와 중국에서는 보통명이 오미자五味子로 똑같다(중국에서의 발음은 우웨이지).

오미자는 고대 중국 예술 작품에서 장수와 아름다움의 상징으로 자주 묘사된다. 심지어 고대 중국인들은 오미자가 불멸의 힘을 준다고 믿었다. 왜 그런 환상적인 믿음을 품었을까? 그건 대개 오미자나무에 열리는 붉디붉은 열매 때문이었다. 오미자나무는 6~7월에 꽃이 피고 8~9월이면 지름 1cm가량의 빨갛고 둥근 열매가 포도송이처럼 달리는데, 신기하게도 어느 정도의 추위를 견뎌내야지만 튼실하게 열매가 달린다. 또한 오미자나무는 물이 많이 필요한 식물이라 수분 공급이 충분해야 잘 자랄 수 있다.

이렇듯 찬 기후와 물을 좋아하는 식물이기 때문인지 오미자나무 열매는 '찬 성질'을 가진 약재로 분류된다.[2] 극심한 추위를 견뎌야 하는 시베리아의 사냥꾼들은 체력회복을 위한 강장제로 활용하기도 했다고 전해진다. 한의학적으로 땀을 거두고 갈증을 해소하는 기능, 또 기침을 진정시키고 설사를 멈추게 하는 기능이 있다고 한다. 그래서 우리나라에서는 지금까지도 중요한 약용식물(약으로 쓰거나 약의 재료가 되는 식물)이자 다양한 식료품의 재료로 쓰고 있다.

나무는 노지에서 아주 잘 자란다. 가을에 열매에서 얻은 씨앗을 바로 땅에 묻어 겨울을 나게 하면 이듬해 봄부터 자라기 시작하는데, 열매를 보기 위해서는 적어도 3년

1　이처럼 끝부분에서 가운데 부분까지 쭉 갈라진 형태를 중렬中裂이라고 한다.

2　모든 종의 오미자가 약이 되는 건 아니다. 약재로 쓰는 경우는 오미자, 남오미자, 흑오미자(북오미자) 등이며 모두 종은 다르나 계통적으로 가깝다.

내가 자라는 환경, 향, 맛, 소리를 알려줄게요

을 성실히 길러야 하기 때문에 사람 손으로 기르고자 할
때는 꽤나 품이 많이 든다.

● 오미자의 속명 *Schisandra*는
 '조개진 수술'이란 뜻으로 수술
 모양이 두 갈래로 갈라진 것을
 묘사한다
● 오미자五味子는 한자 그대로
 열매에서 다섯 가지 맛이 난다

암꽃
연둣빛 둥근 공 모양의
암술이 보인다

수꽃
양쪽으로 뭉뚝하게 갈라진
수술이 보인다

열매

작고 빨간 포도송이 같다

말린 오미자 열매는 중요한 약재다

차로 마시기에도 좋다

맛

단맛, 신맛, 쓴맛, 짠맛, 매운맛

도합 다섯 가지 맛

"맛이란 맛은 내게

다 있다는 말씀!"

내가 자라는 환경, 향, 맛, 소리를 알려줄게요

내가 사는 곳, 관련된 사람을

알려줄게요

식물의 이름은 원산지나 자생지의 지명을 넣어 짓기도 한다. 주로 종소명이나 품종명에 지역이나 나라, 대륙의 이름을 넣는다. 한편 우리나라 국명에서는 대개 원종의 보통명 앞에 원산지 국가나 대륙을 암시하는 당-, 중국-, 서양-, 아메리카-, 양-, 미국-, 유럽-, 양종- 등의 접두어가 붙는다.

사람의 이름이 들어가는 학명도 많다. 해당 식물을 처음 발견한 사람의 이름을 종소명 뒤에 덧붙는 게 원칙이지만 속명이나 종소명에 들어가는 경우도 있다. 이때는 해당 식물의 연구자나 연구 후원자의 이름이 붙는 경우가 가장 많지만, 과거에는 권위자(왕이나 군주)의 이름이 붙기도 했다.

몇 가지 예를 보자.

원산지, 자생지에서

구상나무 *Abies koreana*

종소명에 *koreana*(코리아나)가 붙는다. 한국이 원산지,
자생지라는 것을 알 수 있다. 개나리, 회양목에도 같은
종소명이 붙는다.

마삭줄 *Trachelospermum asiaticum*

종소명인 *asiaticum*(아시아티쿰)은 라틴어로 '아시아의'라는
뜻이다. 아시아에 분포하는 식물이라는 것을 알 수 있다.

무궁화 *Hibiscus syriacus*

종소명 *syriacus*(시리아쿠스)는 '시리아의'라는 뜻이다. 시리아가
원산지다.

미루나무 *Populus deltoides*

미국이 원산지라 미국에서 들여왔다고 미류美柳(미국
버드나무)라고 부르던 게 변해 미루나무가 되었다.

사철나무 *Euonymus japonicus*

종소명 *japonicus*(야포니쿠스)는 '일본의'라는 뜻이다. 일본이
원산지다. 삼나무, 왜조팝나무에도 같은 종소명이 붙는다.

영산홍 *Rhododendron indicum*

종소명 *indicum*(인디쿰)은 '인도의'라는 뜻이다. 당연히 인도가
원산지라는 뜻.

내가 사는 곳, 관련된 사람을 알려줄게요

은행목 *Portulacaria afra*

종소명 *afra*(아프라)는 '아프리카의'라는 뜻이다. 아프리카가
원산지이자 자생지다.

사람의 이름에서

산세베리아 *Sansevieria* spp.

원예학계 후원자였던 피에트로 안토니오 산세베리노의
이름을 따서 속명 *Sansevieria*(산세비에리아)를 지었다.

꽃기린 *Euphorbia milii*

고대 로마제국의 의사였던 에우포르보스의 이름을 따서
속명을 *Euphorbia*(에우포르비아)라고 했다.

자귀나무 *Albizia julibrissin*

유럽에 처음 이 나무를 들여온 사람은 이탈리아의
귀족 필리포 델 알비치다. 그의 이름을 따서 속명을
Albizia(알비지아)라고 정했다.

틸란드시아 *Tillandsia* spp.

핀란드 식물학자 엘리아스 틸란즈가 처음 발견했다. 그의
이름을 살짝 바꿔서 속명을 *Tillandsia*(틸란드시아)라고 했다.

코끼리가 좋아하는
아프리카의 식물

은행목

너의 이름은?

학명	*Portulacaria afra*
국명	포르툴라카리아 아프라
영명	Elephant bush, Dwarf jade plant
유통명	은행목

어떻게 키울까?

종류	초본
분류	쇠비름과 포트툴라카리아속
원산지	남아프리카공화국
자생지	남아프리카 동쪽
분포지	건조한 암석 지대, 경사진 곳
생육 형태	여러해살이
높이	2~200cm
개화기	10~11월
특징	건조함에 강하다, 열에 강하다, 추위를 견딘다(그래도 3℃ 이상에서 키우는 게 좋다)

은행목은 화훼 시장에서 쉽게 볼 수 있는 쇠비름과 포르툴라카리아속의 다육식물이다. 마치 장난감 나무처럼 생긴 수형에 키가 6~7cm 되는 작은 개체까지도 자주 눈에 띈다. 은행목은 적갈색 줄기에 밝은 연둣빛의 잎이 잔뜩 달려 있기 때문에 작은 나무처럼 보인다. 그래서 분재 형태로 키워 판매하는 상품이 많다. 우리나라에서 유통명으로 은행목이라 부르는 것도 아마 은행나무를 떠오르게 하는 모습에서 붙여진 것 같다.

학명을 보자. 속명인 *Portulacaria*(포르툴라카리아)는 '쇠비름'을 뜻하는 라틴어인 portulaca(포르툴라카)에 '생물의 목目 또는 속屬을 나타내는 접미사'인 -아리아(-aria)가 붙은 것이다. 즉 '포르툴라카와 유전적으로 가까운 관계'[1]라는 의미다. 아니, 포르툴라카(쇠비름)가 뭐 어떻기에? 우리는 여기서 쇠비름속 식물들의 재미있는 특성을 하나 알아야 한다. 쇠비름속 식물들의 씨앗은 세상 밖으로 나올 때, 마치 문이 열리듯 열매 껍질이 두 쪽으로 스르르 벌어지면서 나타난다.[2] 바로 이 모습에서 착안한 것이다. 참고로 포르툴라카의 어원은 '샛문', '은밀하게 낸 작은 출입구'라는 의미의 라틴어 portula(포르툴라)다.

다음으로 종소명을 보자. *afra*(아프라)는 라틴어로 '아프리카의'라는 뜻으로 이 식물의 자생지가 아프리카라는 것을 알려준다. 그런데 진짜로 은행목의 자생지는 아프리카 일부 지역이 전부다. 대개 식물은 비슷한 환경의 주변 지역으로 퍼져나가면서 번식을 하고 그곳의 환경에 적응해 또 다른 종으로 진화하기 마련이다. 그런데 특이하게도 은행목은 그렇지가 않다. 은행목 원종은 남아프리카의 건조한 지역에서도 특정 지역에서만 발견할 수 있고 다른 곳에서는 전혀 볼 수가 없다.

은행목의 통통한 다육질 잎과 줄기는 수분으로 가득 차 있고 그 맛도 나쁘지 않아서 아프리카에서는 사람들이 샐러드나 수프로 먹는다고 한다. 또한 동물들도 즐겨 먹는다. 서양에서 은행목을 '코끼리 관목'이라는 뜻의 Elephant bush(엘리펀트 부시)라 부르는 건 아프리카 코끼리들이 수분 섭취를 하기 위해 곧잘 이 은행목을 뜯어 먹기 때문이다. 아프리카의 한 국립공원에서 은행목의 생태를 관찰해온 바에 따르면, 코끼리가 많은 지역에서는 은행목이 무성

---

1 '근연近緣 관계'라고 한다. 이처럼 생물의 분류에서 발생 계통이 서로 가까운 관계에 있는 속을 근연속이라고 한다.

---

2 밑씨가 씨방 안에 있지 않고 겉으로 드러나 있는 이런 식물을 '나자식물'이라 한다. 소철, 소나무 등이 있다.

　내가 사는 곳, 관련된 사람을 알려줄게요

하고 코끼리가 거의 살지 않는 지역에서는 은행목 또한 거의 발견되지 않았다. 왜 그럴까? 이는 코끼리의 먹이 섭취 및 배변 활동을 통해 은행목의 번식이 이루어졌다는 의미다. 몸길이가 6m에 이르는, 육지에서 가장 큰 동물인 코끼리가 작게는 2cm밖에 안 되는 이 조그마한 식물과 서로 도움을 주고받으며 하나의 생태를 이루고 있는 것이다.

식용 외에도 은행목은 물집이나 발진 등을 진정시키기 위해 환부에 바르는 약용으로도 쓰인다. 생김새는 다르지만 알로에와 비슷하다. 건조한 지역에 사는 여러 생명체에게 고마운 존재다.

● 은행목의 학명 속 *afra*는
  이 식물의 자생지가
  아프리카라는 걸 알려준다
● 우리나라 유통 시장에선
  은행나무를 닮았다고
  은행목이라고 한다

"은행나무
 미니어처 같죠?"

쇠비름속 식물은
이렇게 열매 절반이 갈라지면서
뚜껑이 열리듯 씨가 짠 나타난다!

건조한 아프리카에 사는
코끼리가 즐겨 먹는다
오동통한 이파리에 수분이 가득하니까!

내가 사는 곳, 관련된 사람을 알려줄게요

북한의 회양에서
자생합니다

회양목

너의 이름은?

학명	*Buxus* spp.
국명	회양목
영명	Boxwood, Boxtree, Box
유통명	회양목

어떻게 키울까?

종류	목본(상록활엽관목, 소교목)
분류	회양목과 회양목속
원산지	유럽, 아시아, 아메리카의 열대·아열대 지역
자생지	한국, 일본, 중국
분포지	석회암 지대의 골짜기
생육 형태	여러해살이
높이	~7m
개화기	4~5월
특징	건조함을 잘 견딘다, 공해에 강하다, 추위에 강하다, 그늘에도 잘 산다, 생장이 느리다

회양목은 세계에서 제일 오래된 관상용 식물이라 해도 과언이 아니다. 기원전 4,000년경 고대 이집트 사람들은 울타리를 만들기 위해 회양목을 심었다고 한다. 진한 초록의 자잘한 이파리가 촘촘하게 나는 게 매력인 회양목은 지금도 여전히 조경수로 큰 사랑을 받고 있다.

회양목이라는 국명은 우리나라의 자생종이 북한의 강원도 회양 지역에 분포하기에 지어진 이름이다(회양보다 철원이 더 남쪽인데, 철원은 우리나라 겨울철 날씨 예보에서 가장 추운 지역으로 늘 언급되는 곳이다). 추위에 강해서 평안북도, 함경북도를 제외한 한반도 전 지역에 널리 분포하며 일본, 중국 등지에서도 자생한다. 본래는 석회암이 많은 산 중턱의 골짜기에 자생하지만 원예종은 도시의 조경수로 아주 흔하게 볼 수 있다.

회양목은 키가 작고 잔가지가 많은 관목이다. 1cm 안팎의 쪼그마한 잎은 매끄럽고 질긴 가죽 같은 촉감을 갖고 있다. 봄이 되면 노란 연둣빛의 작은 꽃이 나무 가득 피어나는데 암수한그루로 암꽃, 수꽃이 같이 피어나며 꽃잎 없이 암술, 수술이 드러나 있어 마치 작은 왕관 같은 모습이다.

그럼 학명을 보자. 속명 *Buxus*(북수스)는 고대 그리스어로 '회양목' 그 자체를 뜻하는 πύζος(푸소스)에서 유래하지만, 원래 이 식물은 그리스에 분포해 있지 않았기 때문에 이탈리아어에서 빌려온 것으로 추측된다.

재미있는 건 영명이다. 서양에서는 회양목을 Boxwood, Boxtree, 아예 줄여서 Box라고도 부른다. 왜 '박스'라는 단어가 자꾸 들어갈까? 그건 나무 상자를 만들기 좋은 재료였기 때문이다. '박스용 나무'라는 뜻에서 이런 이름이 붙은 것이다. 회양목의 목질은 밀도가 매우 높아 물에 가라앉을 정도다. 밀도가 높다는 건 다시 말해 단단하다는 의미다. 쪼개지거나 부서지는 일이 적어 무언가를 저장하는 상자를 짜기에 더없이 좋다. 또한 입자가 곱기 때문에 체스의 말, 머리빗, 현악기의 부품(예를 들어 거문고의 괘), 그리고 도장처럼 섬세하고 뒤틀림 없는 작은 조각을 만들기에도 적합하다. 조선시대에는 목판 활자, 호패, 표찰을 회양목으로 깎아 만들었다고 한다.

회양목은 큰 관리 기술이 필요하지 않다. 1년에 한 번, 초봄에만 가지치기를 해주면 되고 비료는 거의 주지 않아도 된다. 이러니 앞으로도 조경수로서 회양목을 빼놓고 이야기할 날은 아마 오지 않을 것 같다.

내가 사는 곳, 관련된 사람을 알려줄게요

● 회양목이라는 국명은
  북한의 회양이 자생지라서
  붙은 이름이다
● 서양에선 나무 상지를 민들기에
  적합해서 Boxwood라고 한다

동글동글
아이스크림콘 같은 모습

키가 작다 못해
땅에 주저앉은 듯한 관목

1cm 크기의 쪼그맣고
윤이 나는 **잎**

암꽃 하나를 **수꽃** 여러 개가
에워싸고 둥그렇게 모여 핀다

밀도가 강해서
박스 만들기 최고!

"나 쪼개기 쉽지 않을 겁니다.
쉬운 나무가 아니에요."

내가 사는 곳, 관련된 사람을 알려줄게요

사실 시리아에서
왔어요

무궁화

너의 이름은?

학명	*Hibiscus syriacus*
국명	무궁화
영명	Rose of sharon, Mugunghwa
별명	목근화 木槿花
유통명	무궁화

어떻게 키울까?

종류	목본(낙엽활엽관목)
분류	아욱과 무궁화속
자생지	인도, 중국, 시리아, 한국
자생지	아시아 일대
분포지	점토질의 토양
생육 형태	여러해살이
높이	~4m
개화기	8~10월
특징	더위와 추위를 잘 견딘다, 토양을 가리지 않고 잘 자란다, 공해에 강하다, 그늘에서도 산다

무궁화속은 200여 종으로 이루어진 큰 속이며 크고 화려한 꽃으로 유명하다. 우리나라 사람들은 애국가에 나오는 '무궁화 삼천리 화려강산' 속 분홍색, 흰색의 (그리고 꽃잎 한가운데가 아주 붉게 물들어 있는) 꽃만을 떠올리겠지만.

그런데 알고 보면 학명이 꽤 익숙하다. 다이어트에 좋다고 해서 한때 차로 마시는 게 유행하기도 했던 히비스커스가 들어간다. 바로 이 속명 *Hibiscus*는 '아욱과 식물'을 일컫던 고대 그리스어 ἱβίσκος(이비스코스)에서 유래한 것이다. 여기에 종소명 *syriacus*(시리아쿠스)는 '시리아의'라는 의미다. 학명 전체를 풀어보면 '시리아의 아욱과 식물' 정도가 되겠다.

시리아쿠스종은 중국 남동부 지역이 원산이라고 알려져 있지만 시리아의 정원에서 채취된 것을 기준으로 종소명이 붙었다. 우리나라 국화인 무궁화도 시리아쿠스종에 속하는 품종이다.[1] 무궁화 묘목은 지금도 수입에 의존하고 있으며, 씨앗이 아닌 삽목(꺾꽂이)으로 나무를 번식시키고 있다. 참고로 고려시대에 이미 무궁화를 길렀다는 기록이 있지만 이건 지금의 무궁화와는 또 다른 종일 것으로 추측된다.

꽃은 자주색에 가까운 짙은 분홍색, 연분홍색, 흰색에 중심부에는 붉은 무늬가 있는 것, 없는 것 등 다양하다(시리아쿠스종이 아닌 다른 종에서는 푸른색 꽃도 핀다). 그리고 단 하루 동안만 피었다가 바로 진다. 대신 수많은 꽃눈이 매일 개화를 하며 몇 개월에 이르는 개화 기간 동안 한 그루에서만 수백, 수천 송이 꽃을 피운다. 이러한 특성을 보고 문화권에 따라 완전히 판이한 해석을 하는 것이 재미있다. 먼저 우리나라의 경우 무궁화의 무궁無窮은 '공간이나 시간 따위가 끝이 없는, 다함이 없는'이란 의미다. (영원히 지지 않는 영속성이 아니라) 무한히 새로 피어나는 끈기를 본 것이다. 반면 이웃 나라인 중국에서는 이렇게 하루 만에 피었다 지는 모습에서 허무함을 느낀 듯하다. 무궁화를 '덧없는 아름다움'의 표상으로 여기기 때문이다. 어떤 시각에서 바라보느냐에 따라서 한 가지 생태적인 특징이 전혀 다른 의미로 해석되는 것이다.

무궁화는 가지가 잘 꺾이지 않는 섬유질이어서 학교, 관공서 등에서 울타리로 흔히 키운다. 그리고 의외로 잎이

---

1 무궁화속에는 대표적인 관상종 두 가지가 있다. 바로 *syriacus*(시리아쿠스)와 *rosa-sinensis*(로사시넨시스)다. 전자가 바로 우리가 '무궁화'라고 부르는 식물이고, 후자는 '하와이무궁화'다. 하와이무궁화는 이름에서 짐작되듯 미국 하와이의 주화State Flower다. 그리고 우리가 즐겨 마시는 히비스커스 차의 재료이기도 하다.

내가 사는 곳, 관련된 사람을 알려줄게요

식용이다. 말린 잎을 차로 마시기도 한다.

◦ 무궁화의 학명 *Hibiscus syriacus*는
  '시리아의 아욱과 식물'이란 뜻으로,
  외래종이라는 것을 알 수 있다
◦ 무궁화라는 국명은 무한히 피어나는
  꽃의 모습에서 왔다

새벽에 스르르
피었다가

해질녘에 져서
땅으로 톡 하고 떨어진다

열매
긴 타원형에
보송보송 털이 나 있다

꽃

보통 진분홍, 연분홍, 하양이고

가운데에 진한 홍색이 박혀 있다

꽃잎은 다섯 장

"제가 한국의 국화인데요,

사실 시리아에서 왔어요"

하와이무궁화

정열적인 분위기가 강하다

내가 사는 곳, 관련된 사람을 알려줄게요

아시아의
자스민이죠

마삭줄

너의 이름은?

학명	*Trachelospermum asiaticum*
국명	마삭줄
영명	Asian jasmine
유통명	마삭줄

어떻게 키울까?

종류	목본
분류	협죽도과 마삭줄속
원산지	동아시아 일대
자생지	한국 남부, 일본, 라오스, 캄보디아
분포지	숲 가장자리, 산기슭, 습기가 있는 자갈밭, 해안가
생육 형태	여러해살이, 덩굴성
높이	~5m
개화기	5~6월
특징	적당히 건조한 것을 좋아한다

마삭줄은 우리나라 남부 지방과 일본 등 동아시아 일대에 분포하는 난대·온대식물로, 줄기 마디에서 기근(공기뿌리)을 내려 어딘가에 붙어 휘감겨 올라가는 덩굴성 식물이다. 작고 윤기가 흐르는 짙은 녹색 잎을 갖고 있으며 햇빛이 강하고 일교차가 커지면 붉게 물이 드는 모습이 매력적이다.

봄기운이 가장 완연해지는 5~6월에 피는 흰색 꽃은 다섯 갈래로 갈라진 바람개비 모양이다. 이 꽃의 향기가 자스민 꽃향기와 비슷해서 서양에서는 Asian jasmine(아시안 자스민)이라 한다.

학명에도 '아시아'가 들어간다. 종소명인 *asiaticum*(아시아티쿰)은 라틴어로 '아시아의'라는 뜻으로 원산지를 가리킨다. 그런가 하면 *Trachelospermum*(트라켈로스페르뭄)이라는 긴 속명은 씨앗의 모습을 묘사하고 있다. 9월에 달리는 마삭줄의 꼬투리 속에 이 씨앗이 들어 있다. *Trachelospermum*은 '목', '목구멍'이란 뜻의 고대 그리스어 τράχηλος(트라켈로스)와 '종자', '씨앗', '정자'를 뜻하는 σπέρμα(스페르마)의 합성어로, 합치면 '목처럼 생긴 씨앗'으로 해석할 수가 있다. 즉 길쭉한 씨앗 모양에서 유래한 것이다.

국명인 마삭줄의 마삭은 '삼'(마섬유의 재료가 되는 식물)을 뜻하는 마麻와 '줄'(끈)을 뜻하는 삭索이란 한자를 더한 것으로 '삼으로 꼰 줄'이라는 의미다. 말하자면 노끈, 마끈이다

(그래서 마삭줄이라고 하면 '처갓집' 같은 겹말이 되긴 한다). 갈색빛을 띠는 마삭줄의 질긴 줄기가 마끈을 연상시켜 붙은 이름이다.

일본에서는 テイカカズラ(定家葛, 테이카 가즈라)라고 부르는데 이 이름에는 11세기에 살았던 한 인물과 관련된 설화가 있다. テイカ(定家, 테이카)는 가마쿠라시대 시인이었던 후지와라노 사다이에의 이름 사다이에定家에서 따온 것이다. 한자를 음독하면서 발음이 바뀌었지만(일본어는 같은 한자라도 발음을 다르게 하는 경우가 많다), 뜻을 풀이하면 '사다이에의 덩굴'이 된다. 당시 연모하던 여인을 잊지 못한 사다이에가 죽어서 자신의 묘에 덩굴(葛, 가즈라)처럼 자라났다는 설화에서 유래한 것이다. 이렇게 설화에 등장할 정도로 인류가 오랜 세월 함께해온 식물인 마삭줄은 한국, 일본의 온대 활엽수림이라면 어디든 분포해 있으며 원예종 또한 구하기 쉽고 기르기도 쉬운 편이다. 해가 잘 들고 바깥의 계절을 느낄 수 있는 곳에 둔다면 큰 수고 없이도 봄, 가을에 아름답게 휘감긴 줄기와 알록달록한 잎을 감상할 수 있을 것이다.

내가 사는 곳, 관련된 사람을 알려줄게요

- 마삭줄의 종소명 *asiaticum*은
  '아시아의'라는 뜻이다
- 줄기가 마끈처럼 질겨서
  마삭줄이라고 한다

바람개비처럼 생긴 **꽃**
후 불면 빙빙 돌 거 같다
자스민을 닮기도 했다

꼬투리 속에 목처럼 긴
씨앗이 들어 있다

타원형의 **잎**
색과 무늬가 다양하다

벽이나 나무, 기둥을 휘감고
계속 올라가는 덩굴성 식물 마삭줄

내가 사는 곳, 관련된 사람을 알려줄게요

정말 신화 속
미소년의 이름이었을까

수선화

너의 이름은?

학명	*Narcissus tazetta*
국명	수선화
영명	Narcissus, Paperwhite, Daffodil, Chinese sacred lily
유통명	수선화

어떻게 키울까?

종류	초본
분류	수선화과 수선화속
원산지	남유럽, 북아프리카
자생지	중앙아시아, 일본, 호주, 한국, 아메리카 중남부, 지중해 지역
분포지	햇빛이 풍부하고 수분 공급과 배수가 원활한 사질양토
생육 형태	여러해살이, 암수한꽃(양성화)
높이	10~50cm
개화기	12~3월
특징	추위에 강하다, 독성이 있다

수선화는 유럽 문화에 지대한 영향을 준 원예식물 중 하나다. 기록에 따르면 16세기부터 19세기까지 네덜란드를 중심으로 한 유럽의 주된 상업 작물이었다. 특히 16세기 중반부터 17세기 초반은 유럽에서 이국적인 정원과 공원 양식이 유행하던 '오리엔탈시대'로, 아시아의 자생식물이 대거 유럽으로 유입되었다. 바로 이 시기에 도입된 수선화는 19세기 후반부터 서유럽에서 아주 중요한 원예종으로 취급받았다. 오늘날까지도 수천 가지 품종이 개발되어 정원 조경에 많이 쓰인다.

그렇다면 학명에는 어떤 의미가 있을까? 먼저 속명인 *Narcissus*(나르키수스)는 그리스신화에 나오는 나르키소스라는 미소년의 이름에서 유래한다는 이야기가 유명하지만 신화에서 직접 파생되었다는 증거는 없다. 고대 그리스시대에 나르키소스라는 남자 이름은 무척 흔했기 때문이다. 그러니 특정 신화에서 따왔다고 단정하기에는 애매한 면이 있다. 그렇지만 고대 신화와 얽힌 수선화, 그리고 그 신화가 (장미, 백합과 더불어) 유럽과 이슬람 문화 속의 중요한 모티브로 수많은 문학과 미술 작품의 소재로 쓰였다는 것만은 분명하다.

종소명인 *tazetta*(타체타)는 이탈리아어로 '찻잔'을 뜻하는 tazza(타차)에서 유래한 것이다. 아마도 부관副冠[1]의 형태에서 비롯된 이름인 듯하다. 수선화속 식물은 대개 구근(알뿌리)으로 번식하며 가을에 심어 월동을 거친 후 봄에 피어난다. 이때 겉으로 드러나는 가장 큰 특징이 꽃의 가운데에 작은 컵 또는 나팔 모양으로 튀어나온 부관이다. 꽃은 보통 흰색 또는 노란색인데(관상용은 주홍, 분홍도 있다), 꽃잎 여섯 장 가운데에 꽃잎과 같은 색 또는 좀더 진한 색 아니면 완전히 대조되는 색의 부관이 있다.

이토록 아름다운 수선화는 의외로 강한 독성을 품고 있어 조심히 다뤄야 한다. 보관 중인 수선화의 구근을 양파로 착각해 실수로 먹었다가 중독된 사례도 있고, 상처가 난 구근에 피부가 닿아 온종일 화끈거림을 참아야 하는 상황도 흔히 벌어진다. 이는 구근 속에 알칼로이드 성분이 많기 때문이다. 알칼로이드 성분은 곰팡이나 박테리아를 막는 항균제로 쓰이지만, 피부에 닿을 경우에는 피부염을 일으키거나 먹을 경우 심하면 사망에 이르게 한다.

국명인 수선화水仙花는 중국명에서 온 것으로 '물에 사는 신선 같은 꽃'을 의미하는데, 식물이 물가의 축축한 토양에서 잘 자라기 때문에 붙은 이름이다. 이른 봄, 멀리서

---

1 영어로는 corona. 화관(꽃부리)의 일부 또는 꽃밥이 변형된 화관의 부속 기관이다. 그래서 부화관이라고도 한다.

내가 사는 곳, 관련된 사람을 알려줄게요

도 눈에 들어오는 밝고 화려한 노란색 꽃은 단 한 송이만 피어 있어도 신비로운 신선의 존재감을 느끼게 했던 것 같다.

- 수선화의 속명 *Narcissus*는
  그리스신화 속 미소년
  나르키소스에서 유래한다고
  전해진다
- 수선화라는 국명은
  '물에 사는 신선'을 뜻한다

꽃잎 여섯 장에 둘러싸인 채
부관이 아름다움을 발산한다

찻잔을 닮은 **부관**

양파와 섞어놓으면
구분하기 어려운 비주얼
독성이 있어 먹으면 위험하다

"솔직히 말해요.
 양파인 줄 알았죠?"

눈 내리는 이른 봄
고결한 수선화의 자태

197　　　　　　　　　　　　　내가 사는 곳, 관련된 사람을 알려줄게요

이탈리아 귀족이 들여온
비단 꽃

자귀나무

너의 이름은?

학명	*Albizia julibrissin*
국명	자귀나무
영명	Silk tree, Mimosa, Cotton varay
별명	합환수
유통명	자귀나무

어떻게 키울까?

종류	목본(낙엽활엽소교목)
분류	콩과 자귀나무속
원산지	이란, 아제르바이잔공화국, 중국, 한국
자생지	한국(중부 이남), 일본, 이란, 남아시아
분포지	깊은 산의 양지바른 산기슭, 계곡, 평원
생육 형태	여러해살이
높이	3~7m
개화기	6~7월
특징	성장이 빠르다, 추위에 강하다

사방으로 폭죽이 터지는 듯한 모양의 진한 분홍 꽃이 매력적인 자귀나무는 줄기와 가지가 약간 늘어지는 듯한 아치형으로 키가 7m까지 자라는 소교목이다. 국명에 나오는 '자귀'라는 단어는 난해한 한자어 같아도 사실은 순우리말이다. 자귀는 옛날에 배를 만들거나 집을 짓는 목수들이 쓰던 연장이었다. 생긴 건 도끼와 비슷하지만 나무를 쳐내는 게 아니라 세심하게 깎아 다듬는 용도였다. 그래서 숙련공들만 쓸 수 있었다고 한다. 바로 이 자귀의 나무 손잡이를 만드는 재료였다는 데에서 자귀나무라는 이름이 유래했다는 설이 있다.

그럼 학명은 어떨까? 자귀나무의 학명에는 사람의 이름이 들어간다. 속명인 *Albizia*(알비지아)는 18세기 유럽에 처음 이 나무를 들여온 이탈리아의 귀족 필리포 델 알비치의 이름을 따온 것이다. 그리고 종소명인 *julibrissin*(줄리브리신)은 페르시아어에서 파생된 것으로 '비단 꽃'이라는 뜻이다. 즉 비단실처럼 곱고 반짝이는 꽃에서 유래한 것이다.

특히 우리나라와 중국에 자생하는 붉은자귀나무는 분홍 꽃이 달려서 Pink silk tree(핑크 실크 트리)라는 별명을 갖고 있다. 내한성이 강해 -25℃까지도 견뎌 우리나라 중부·북부 지역에서도 충분히 월동을 할 수는 있지만 그늘지지 않고 양지바른 곳에서만 잘 살 수 있다.

자귀나무의 매력은 역시 여름에 피는 꽃이다. 작은 실크 브러시 같은 꽃이 가지 끝에 15~20개씩 퍼지는 형태로 달린다. 그래서 어딘가 이국적이기도 하고 화려한 느낌이 든다. 이때 분홍빛을 띠는 부분은 밖으로 길게 나온 25개가량의 붉은 수술 다발이다. 열매는 9월 말에서 10월 초에 익어 (콩과에 속하는 식물답게) 납작한 콩깍지 형태로 달린다.

꽃처럼 잎도 가늘고 하늘거린다. 긴 잎줄기에 작은 잎줄기가 촘촘히 달리며, 작은 잎줄기에는 1cm 내외의 폭이 좁은 잎이 수십 개씩 마주 달린다. 이 모습은 우리가 신경초라고 부르는, 같은 콩과 식물인 미모사와 매우 비슷하다. 하지만 미모사는 물리적인 자극, 즉 누군가 톡 건드렸을 때 잎이 접히는 반면에 자귀나무는 매일 해가 질 때 저절로 잎이 접힌다는 특징이 있다. 밤이면 잎이 서로를 향해 오므라드는 이런 모습 때문에 합환수合歡樹라고도 한다. '합환'은 남녀가 함께 자며 즐긴다는 뜻이므로 사실 은근히 야한 이름이다(전통 혼례에서 신랑 신부가 나눠 마시는 술을 합환주라고 한다). 어쨌거나 이 야한 이름 덕에 부부의 금슬을 상징하는 나무가 되었고 정원에 많이 심었다고 한다.

내가 사는 곳, 관련된 사람을 알려줄게요

● 자귀나무는 도끼를 닮은 연장,
  자귀를 만들던 재료였다
● 학명에는 '비단 꽃'이라는 뜻이
  들어 있다

꽃이 핑크색으로 보이는 건
수술의 빛깔 때문!
사방으로 펼쳐진 수술 다발의
윗부분이 핑크색이다

화장할 때 쓰는
브러시 같은 꽃

"내가 얼마나 고우면
'비단 꽃'이라고 부르겠어요?"

콩과 식물답게
꼬투리 안에 열매가 대여섯 개
들어 있다

"우리, 뽀뽀나 할까?"

밤이 되면
서로를 향해 잎이 접힌다

내가 사는 곳, 관련된 사람을 알려줄게요

후원해준 분을
기리며

산세베리아

너의 이름은?

학명	*Sansevieria trifasciata*
국명	산세베리아
영명	Mother-in-law's tongue, Snake plant, Bowstring hemp
별명	천년란
유통명	산세베리아

어떻게 키울까?

종류	초본
분류	백합과[1] 산세비에리아속
자생지	아프리카, 인도 동부
분포지	열대우림, 열대초원, 건조한 지대
생육 형태	여러해살이, 다육형
높이	~120cm
개화기	5~7월
특징	건조함에 매우 강하다, 추위에 약하다, 번식이 빠르다, 그늘에서도 잘 큰다

산세베리아(정확한 우리말 표기는 '산세비에리아')는 자원생산용 또는 관상용으로 재배되는 다육질의 여러해살이풀로 이 속에는 70여 종의 식물이 있다. 따뜻하고 해가 잘 드는 기후에서 잘 크지만, 그렇지 않은 곳에서도 적응력이 좋아 실내 관상용으로 많이 기른다. 서양에서는 Bowstring hemp(보스트링 헴프)라고도 부르는데(bowstring은 '활시위', hemp는 '삼'을 뜻한다), 원산지인 남아프리카 지역에서 이 식물의 잎에 들어 있는 질기고 강한 섬유질을 가공해 활시위, 밧줄 등을 만들기 때문이다.

하지만 남아프리카를 제외한 지역에서는 관상식물로 훨씬 유명하다. 그래서 (우리나라에서는 학명에서 따와 산세베리아라고 부르지만) 겉모습의 특징이 이름으로 이어졌다. 특히 잎이 길고 끝이 뾰족한 형태인 데다 특유의 무늬가 있어서 꼬리나 칼, 심지어 시어머니의 혀(말)처럼 날카로움을 비유한 경우가 많다.[2] 그리고 신기하게도 이 이름들은 거의 비슷한 어감을 갖고 있다.

그럼 학명도 잎의 모양에서 왔을까? 먼저 속명을 보자. *Sansevieria*(산세비에리아)라는 속명은 18세기 이탈리아 나폴리 왕국의 원예학계 후원자였던 피에트로 안토니오 산세베리노의 이름에서 따왔다고 한다. 그는 식물 연구를 위해 자신의 식물원을 학자들에게 내주었고, 그곳에서 많은 연구가 진행되었다고 전해진다. 이후 린네의 제자였던 스웨덴의 자연학자 칼 툰베리가 그의 업적을 기리기 위해 이 이름을 제안했고 공식적인 학명이 되었다고 한다(또 다른 설로 당시 나폴리 왕국의 지역명인 산세베로에서 왔다는 이야기도 있다. 당시 산세베로의 군주가 과학, 연금술 등에 많은 성과를 낸 학자였는데 위험한 재료들로 실험을 하다가 일찍 세상을 떠났다고 한다. 그의 열정을 기리기 위해 지역명을 따서 산세베리아의 학명을 지었다는 것이다).

한편 종소명인 *trifasciata*(트리파시아타)는 라틴어로 '세 개'를 뜻하는 tri-(트리-)에 '줄무늬가 있는'을 뜻하는 fasciata(파시아타)가 합쳐진 말이다. 말하자면 '줄무늬 세 개가 있다'는 의미다. 정말로 산세베리아 잎을 보면 대개 노랑, 초록, 그리고 다시 노랑, 이렇게 세 가지 색이 교차되는 것을 볼 수 있다(트리파시아타종이 아닌 교잡종 중에는 무늬가 없는 것도 있다).

---

1 용설란과, 아스파라거스과로 분류되기도 한다.

---

2 예를 들어 이렇다.
   중국명: 虎尾兰(호랑이 꼬리 같은 풀)
   터키명: Paşa kılıcı(파샤의 검)
   포르투갈명: Espada de São Jorge(세인트조지의 검)
   네덜란드명: Vrouwen tong(여자의 혀)
   러시아명: Тёщин язык(시어머니의 혀), Щучий хвост(창 끝)

- 산세베리아의 속명 *Sansevieria*는
  원예학계를 후원했던 18세기
  이탈리아 사람의 이름에서 왔다
- 잎이 길고 뾰족해서 전 세계적으로
  날카로움에 빗댄 이름이 많다

잎이 좁고 길며 납작하고
무엇보다 끝이 날카롭다

그래서 칼, 창, 뱀, 혀와
관련된 이름이 많다

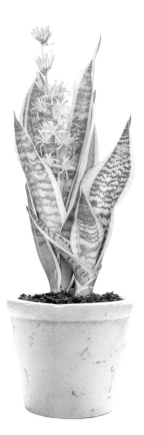

보통 노랑과 초록,
다시 노랑의 줄무늬가 있다

무늬가 없는 종도 있고

뱀가죽 같은 무늬가 있는 종도 있다

통통한 스투키도
산세베리아의 한 종이다

내가 사는 곳, 관련된 사람을 알려줄게요

왕의 주치의
이름을 따서

꽃기린

너의 이름은?

학명	*Euphorbia milii*
국명	꽃기린
영명	Christ thorn, Crown of thorns, Christ plant
유통명	꽃기린

어떻게 키울까?

종류	목본(상록활엽관목)
분류	대극과 대극속
원산지	마다가스카르
자생지	아메리카 대륙 및 태국의 열대 지역
분포지	바위가 많은 양지바른 곳
생육 형태	여러해살이
높이	~180cm(관상용: 3~50cm)
개화기	봄~가을 연중 개화
특징	유액에 독성이 있다

꽃기린은 꽃이 피는 다육식물이다. 줄기 전체에 크고 단단한 가시가 마구 나 있는데 그 끝에 분홍 또는 연노랑의 동그랗고 도톰한 꽃이 올망졸망 피는 모습이 반전이다.

학명은 *Euphorbia milii*(에우포르비아 밀리). *Euphoribia*(에우포르비아)라는 속명은, 고대 로마제국의 속주 마우레타니아의 왕이었던 유바 2세의 주치의 에우포르보스의 이름을 따온 것으로 알려져 있다. 당시 에우포르보스가 어떤 식물(바로 꽃기린)이 변비 치료에 탁월한 효능을 발휘한다는 글을 썼는데, 왕이 그의 이름을 따서 선인장과 흡사한 그 식물의 이름을 에우포르비아라고 지었다고 한다. 이 이름이 18세기에 이르러 린네에 의해 공식 학명이 된 것이다.

대극속(=에우포르비아속) 식물들은 대부분 아프리카와 아메리카의 뜨겁고 때로는 건조한 기후의 지역에 적응해 왔기 때문에 다육질 식물, 그중에서도 가시가 발달한 종이 꽤 된다. 꽃기린 역시 줄기에 가시가 촘촘히 나 있는 다육질의 꽃식물이다. 지금은 화원에서 흔히 볼 수 있지만 사실 아프리카 남동쪽의 섬나라 마다가스카르가 원산이다. 이 식물을 처음 프랑스에 소개한 사람이 있었으니 바로 마다가스카르 동쪽에 위치한 레위니옹섬을 다스리던 피에르 밀리우스 남작이다. 꽃기린의 종소명인 *milii*(밀리)는 그에 대한 감사로 지은 이름이다.

국명인 꽃기린은 줄기 끝에 달린 꽃의 모습이 마치 목이 긴 기린을 닮았다고 해서 붙은 이름이다. 1~2cm 길이의 가시가 박힌 줄기 위에 연한 노란색이나 다홍색의 꽃이 피는데, 엄밀하게는 이 화려한 색을 띤 부분은 꽃잎이 아니다. 꽃을 보호하기 위해 꽃을 둘러싸고 있는 작은 잎이다. 이 변형된 잎을 포엽苞葉이라고 한다.[1] 모든 포엽이 이렇게 꽃잎 같은 건 아니다. 꽃기린처럼 화려한 색을 뽐내는 포엽의 경우 수분을 매개하는 곤충을 유인하기 위해 그렇게 발달한 것이라고 한다.

한편 앞서 대극속 식물 중에는 다육질이 많다고 했는데 예외도 많다. 대극속은 전 세계 온대 지방부터 열대 지방에 걸쳐 널리 분포하며, 아주 작은 한해살이풀부터 엄청 크게 자라는 교목까지 무려 2,000여 종의 식물이 있기 때문이다. 그중에는 우리가 알고 있는 친숙한 관상식물도 제법 된다. 대표적인 게 크리스마스 시즌만 되면 전국 꽃집, 카페 인테리어 등에서 볼 수 있는 포인세티아다. 파인애플

---

[1] 특히 꽃기린처럼 꽃잎으로 착각할 정도의 모습을 하고 있는 경우 '꽃잎성 포엽'이라고 한다. 비슷한 예로 스파티필룸은 흰 포엽(불염포)이 꽃을 감싸고 있는데, 이 역시 보기에는 정말 꽃잎 같다.

내가 사는 곳, 관련된 사람을 알려줄게요

같이 생긴 괴마옥을 비롯해 독특한 모습의 다육식물도 있다. 야생식물 중 이름에 두메대극, 풍도대극처럼 '-대극'이 붙은 것도 모두 대극속에 속한다.

○ 꽃기린의 속명 *Euphorbia*는
꽃기린이 변비 치료에 좋다는 것을
알아낸 의사의 이름을 딴 것이다
○ 기다란 줄기 끝에 꽃이 달린 게
기린을 닮았다고 해서 꽃기린이다

"난 누구처럼 목이 길어 슬프지 않아요.
대신 가시가 돋죠"

찔리면 죽을 거 같은 **가시**

꽃잎 같지만 사실은 **잎**

대극속 가족
포인세티아, 오베사, 자포니아…
이게 다 한 가족이 맞나 싶게
개성이 넘친다

내가 사는 곳, 관련된 사람을 알려줄게요

뱃멀미가 심했던
식물학자의 이름

틸란드시아

너의 이름은?

학명	*Tillandsia* spp.
국명	틸란드시아
영명	Tillandsia, Airplants, Spanish moss
유통명	틸란드시아

어떻게 키울까?

종류	초본
분류	파인애플과 틸란드시아속
원산지	남아메리카
자생지	아메리카의 열대·아열대 지역
분포지	다습한 열대우림, 늪지 또는 건조한 기후의 삼림, 암석 지대(나무와 바위)
생육 형태	여러해살이, 착생
높이	~30cm
개화기	연중
특징	강한 햇빛을 좋아한다, 습한 것을 좋아한다, 추위에 약하다

행잉 플랜트 하면 떠오르는 대표적인 플랜테리어 식물 틸란드시아는 전 세계에 650여 종이 있는 거대한 속이다. 주로 남아메리카(멕시코, 페루, 에콰도르 등) 지역이 원산지고 습도와 관계없이 열대와 온대 여러 지역에서 자생한다.

실내에서는 보통 공중에 대롱대롱 매달거나 유리병에 작은 돌을 깔고 그 위에 올려두고 키우는 경우가 많은데 이는 틸란드시아가 착생식물이기에 가능한 것이다. 착생식물은 대부분 나무줄기, 바위에 뿌리를 박고 자란다. 그리고 잎에 돋아난 미세한 은빛 비늘 같은 털을 통해 이슬, 비, 낙엽, 곤충의 사체에서 영양분과 수분을 흡수한다. 이런 이유로 우리나라의 원예 시장에서는 공기정화에 좋은, '먼지 먹는 식물'로 알려져 있다. 그 말이 완전히 틀린 건 아니지만 먼지 중에서도 영양분이 되는 것만을 소량 흡수할 뿐 공기를 유의미하게 정화하지는 못한다.

참고로 트리콤trichome이라고 하는 이 솜털은 크게 두 가지 기능을 한다. 첫째, 햇빛을 반사한다. 틸란드시아는 보통 건조하고 자외선이 강한 환경에 살기 때문에 자외선으로부터 식물을 보호하는 일을 한다. 둘째, 수분이 닿을 경우 조직 사이사이로 빠르게 수분을 흡수한다. 이 또한 건조한 지역에 살며 새벽에 이슬을 통해 수분을 공급받을 수밖에 없는 틸란드시아의 생존 전략이다(아울러 수분이 닿으면

빛을 반사하는 능력이 떨어져서 햇빛을 더욱 많이 흡수하게 된다).

꽃은 조건이 맞는다면 연중 어느 때라도 피지만 우리나라에선 대개 봄철에 개화를 하며, 종마다 다르지만 로제트형으로 자라는 틸란드시아(예를 들어 이오난사)는 잎 가운데에서 화려한 색의 포엽을 올려 그 사이로 꽃을 피운다. 번식은 열매보다는 주로 (다육식물이나 선인장처럼) 성체의 뿌리 부분에 달리는 새끼(자구子球)들을 분리시키는 게 일반적이다.

Tillandsia(틸란드시아)라는 속명은 스웨덴 출신의 핀란드 식물학자 엘리아스 틸란즈가 발견자인 자신의 이름을 그대로 따서 처음에 Tillandz라고 지었던 걸 린네가 조금 바꾼 것이다. 설에 따르면 식물학자 틸란즈의 이름은 원래 틸란더였다고 한다. 그가 학생 시절 여행을 하며 핀란드의 투르쿠에서 스웨덴의 스톡홀름으로 가던 중 심한 뱃멀미를 했고 결국 돌아올 때는 약 1,000km를 걸으면서 이름을 틸란즈로 개명했다고 한다(오죽 힘들었으면 걸으면서 이름을 바꿀 생각을 했을까). 틸란즈Till lands는 스웨덴어로 '육로로'by land라는 의미다. 오늘날 틸란드시아를 키우는 것과는 큰 상관이 없는 이야기지만, 공중에 빙글빙글 매달린 식물을 보면서 뱃멀미를 하던 어느 청년을 떠올려 보는 것도 재미있을 것 같다.

틸란드시아의 속명 *Tillandsia*는
발견자인 식물학자의 이름에서
왔다

수염처럼 늘어지는 모습 때문에
행잉 플랜트로 인기

꽃이 핀 틸란드시아
잎이 화려하게 물든다

공기정화식물로 알려진 건
트리콤이라는 은빛 솜털 때문

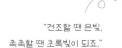

"건조할 땐 은빛,
촉촉할 땐 초록빛이 되죠."

다양한 곳에 **착생**해
살 수 있는 재주를 가졌다

내가 사는 곳, 관련된 사람을 알려줄게요

나의 쓰임과 구별법을

알려줄게요

식물의 이름은 사람들의 생활 속에서 어떻게 쓰이는지에 따라 붙기도 한다. 약용식물과 식용식물의 이름은 맛과 향을 나타내는 경우가 많지만, 쓰임 그 자체를 묘사한 이름도 꽤 있다. 더욱이 국명에서는 해당 식물을 활용해 만드는 물건의 이름이 들어가는 경우도 많다. 이런 식물들의 특징은 역사적으로 많이 쓰였거나 지금까지도 유용하게 쓰이고 있다는 점이다. 이외에 다른 식물과 혼동하는 것을 막기 위해 그와 구별이 되도록 이름을 짓기도 한다.

몇 가지 예를 보자.

먹거나 약으로 쓰여서

로즈마리 *Rosmarinus officinalis*

종소명인 *officinalis*(오피시날리스)는 '약으로 쓸 수 있는'이란
뜻의 라틴어다. 아스파라거스, 메리골드(금잔화), 세이지,
서양민들레 등등 많은 약용식물에 이 종소명이 붙는다.

만병초 *Rhododendron brachycarpum*

먹으면 만 가지 병이 낫는다고 해서 만병초.

몬스테라 *Monstera deliciosa*

식용을 목적으로 재배되는 몬스테라 열매는 맛이 좋은
편이다. 종소명 *deliciosa*(델리시오사)는 '맛있는'이라는 뜻이다.

쑥 *Artemisia princeps*

약초로서 탁월한 효능이 있다. 종소명 *princeps*(프린켑스)는
'탁월하다'는 뜻의 라틴어다.

아비스 *Asplenium nidus*

옛날에 지라(비장)의 병을 치료하는 식물로 쓰였다. 지라를
뜻하는 라틴어에서 속명 *Asplenium*(아스플레니움)이 유래했다.

토란 *Colocasia esculenta*

구근이 식재료로 널리 쓰인다. 종소명 *esculenta*(에스쿨렌타)는
라틴어로 '맛있다', '먹을 수 있다'는 뜻. 렌틸콩(렌즈콩),
석이버섯과 카사바에도 같은 종소명이 붙는다.

나의 쓰임과 구별법을 알려줄게요

네펜테스(벌레잡이풀) *Nepenthes* spp.

속명 *Nepenthes*(네펜테스)는 '불안을 줄여준다'는 뜻의 고대
그리스에서 유래한다. 호메로스의 《오디세이아》에서 이
풀에 대해 "인간의 정신적인 괴로움을 없애준다"고 묘사한
것에서 착안한 이름이다.

백리향(타임) *Thymus* spp.

백리향속 식물이 정신을 일깨우는 약초로 쓰였던 점에서
미루어 보아 '정신', '열망'을 뜻하는 고대 그리스어
θυμός(티모스) 또는 '향'(종교의식에서 태우는)을 뜻하는 라틴어
thymiama(티미아마)가 속명의 어원이라고 추측된다.

스카비오사(솔체꽃) *Scabiosa* spp.

옴을 치료하는 데 쓰였고 '가려움', '딱지'를 뜻하는 라틴어
scabies(스카비에스)에서 속명이 유래했다고 한다.

그 외의 쓰임에서

남천 *Nandina domestica*

속명 *Nandina*(난디나)는 '어려운 고비'를 뜻하는 일본어에서
유래한다. 일본 민간에서 오랜 시간 복을 부르는 식물이었다.

떡갈나무 *Quercus dentata*

예로부터 떡을 찔 때 그 아래에 이 식물의 잎을 깔았다.
그래서 떡갈나무다.

염주나무 *Tilia megaphylla*

염주를 만들 때 쓰는 나무여서 염주나무다.

카네이션 *Dianthus caryophyllus*

화환, 화관을 만드는 꽃이었다. '대관식'을 뜻하는
coronation(코르네이션)이 Carnation(카네이션)의 어원이다.

혼동을 피하기 위해서

꾸지뽕나무 *Cudrania tricuspidata*

뽕나무와 쓰임새가 비슷해 '굳이 부르자면 뽕나무'란
의미에서 꾸지뽕나무가 되었다.

보리자나무 *Tilia miqueliana*

일본명 때문에 보리수나무와 혼동되어 구분하기 위해
보리자나무가 되었다.

아까시나무 *Robinia pseudoacacia*

아카시아나무와 구분하기 위해 아까시나무가 되었다. 종소명
pseudoacacia(슈도아카시아)도 '가짜 아카시아'라는 뜻이다.

알로카시아 *Alocasia* spp.

형태적, 계통적으로 콜로카시아와 비슷해서 둘을 구분하기
위해 지어진 속명이자 보통명이다.

나의 쓰임과 구별법을 알려줄게요

복을
부르는 나무

남천

너의 이름은?

학명	*Nandina domestica*
국명	남천
영명	Nandina, Heavenly bamboo, Sacred bamboo
별명	남촉목, 남천촉, 남천죽
유통명	남천

어떻게 키울까?

종류	목본(상록활엽관목)
분류	매자나무과 남천속
원산지	동아시아 일대
자생지	한국 남부, 중국, 일본, 인도
분포지	배수가 잘되는 석회암 지대, 사질양토
생육 형태	여러해살이
높이	~3m
개화기	6~7월
특징	그늘에서 잘 견딘다, 공해에 잘 견딘다, 이식이 쉽다, 건조함에 강한 편이다

남천은 매자나무과 남천속에 속한 유일한 종으로 동아시아가 원산이다. 특히 중국과 일본에서 원예종으로서의 역사가 길다. 일본에서는 메이지시대 초기에 180여 가지 품종이 있었다고 한다. 약 200년 전 중국 광저우에서 영국 런던으로 보내진 것이 유럽 대륙으로 남천이 건너간 최초의 기록으로 남아 있다. 우리나라에는 1960년대에 도입되었다고 하는데 2010년대 들어서부터는 조경수로 쉽게 볼 수 있는 식물이 되었다. 남천이 도시의 화단에 빠르게 늘어난 이유는 적응력이 좋아서다. 건조와 공해, 그늘에 강하며 토양도 크게 가리지 않는다.

학명을 보자. 우선 종소명인 *domestica*(도메스티카)는 라틴어로 '집의', '가정의'라는 뜻으로 집에서 널리 키우는, 가정에 보급되는 관상용 식물이라는 뜻을 품고 있는 것으로 추측된다. 중요한 건 속명인데, *Nandina*(난디나)는 일본어로 남천을 뜻하는 南天(なんてん)의 발음 '난텐'을 라틴어식으로 한 것이다. 일본 사람들이 왜 이 식물의 이름을 南天이라 했는지 정확히 알 수는 없지만, 이 '난텐'이라는 발음이 일본어로 '어려운 고비'를 뜻하는 難點(난점), 또는 '어려움을 극복하다'라는 뜻의 難転(난점)[1]과 같은 것과 연관이 있는 듯하다. 실제로 일본 민간에서 남천은 오랜 시간 복을 부르는 식물(어려움 끝에 복을 불러오는, 또는 불길함을 내쫓는 식물)을 상징해왔다.

남천의 대표적인 별명은 남천죽南天竹이다. 대나무를 뜻하는 죽竹 자가 붙는다. 가지를 내지 않고 직립하는 줄기 때문에 형태적으로 닮아서 생긴 별명일 뿐 실제 계통적으로 대나무와 가까운 건 아니다.

남천의 가장 큰 매력을 꼽으라고 한다면 역시 계절에 따라 변화하는 잎의 색일 것이다. 일교차가 커지는 늦가을부터 겨울에 이르기까지 빨갛게 단풍이 들 듯 물이 들어 선명한 붉은색을 띠다가, 날씨가 온화해지는 봄부터는 다시 초록색으로 돌아온다. 원래 단풍이란 다가올 추위에 식물이 휴면을 준비하면서 에너지를 보존하고자 잎을 떨어뜨리는 과정이지만 남천은 잎을 거의 매단 채로 겨울을 난다. 그래서 겨우내 붉게 변한 잎을 볼 수 있다. 여름철에는 흰색 꽃이 가지 끝에 원추꽃차례²로 달리며 10월 즈음 열매

---

1 難転이라고 쓰기보다는 보통 難を転ずる(난오텐즈루: 역경을 바꾸다, 뒤집다)로 쓴다.

2 '원추화서'라고도 한다. 꽃이삭이 가지 모양으로 갈라지며 그 끝에 꽃이 달리고 전체적으로 원추형을 띤다. 벼, 수수 등 벼과 식물에서 흔히 볼 수 있다.

나의 쓰임과 구별법을 알려줄게요

가 붉게 익는다(노란색, 흰색, 자주색 열매도 있다). 열매나 줄기, 뿌리, 잎 등 남천의 모든 부분은 약재로 쓸 수 있다. 특히 씨는 새들의 좋은 먹이가 된다.

- 남천의 속명 *Nandina*는 일본어 발음을 라틴어식으로 쓴 것이다
- 대나무를 닮아 남천죽이라고도 한다

"대나무를 닮았지만 친척은 아닙니다"

가을, 겨울 동안 붉게 물든 채
떨어지지 않고 붙어 있는 **잎**

앵두처럼 붉고
동글동글한 **열매**

가지 끝에 동그랗게
모여 피는 흰 **꽃**

나의 쓰임과 구별법을 알려줄게요

신의 꽃으로 만든
화환

카네이션

너의 이름은?

학명	*Dianthus caryophyllus*
국명	카네이션
영명	Carnation[1]
유통명	카네이션

어떻게 키울까?

종류	초본
분류	석죽과 패랭이꽃속
원산지	지중해 연안(남유럽), 서아시아
자생지	유럽, 아메리카 중남부(야생 카네이션)
분포지	배수와 통기성이 좋은 점토질 토양
생육 형태	여러해살이, 한해살이(품종에 따라 다름)
높이	2~80cm
개화기	7~8월(자연 상태), 1년 내내(온실 재배)
특징	긴 시간의 일조량이 필요하다, 건조와 과습에 약하다, 약알칼리 토양에서 잘 큰다

어버이날 하면 떠오르는 빨간 카네이션. 어린 시절 학교에
다닐 때 붉은 색종이로 카네이션을 접어보지 않은 사람은
없을 것이다. 이제는 5월 8일 즈음이 되면 꽃집뿐만 아니
라 골목골목 편의점에서도 카네이션을 내놓고 팔기 때문
에 한국 사람이면 모르려야 모를 수가 없는 꽃이다.

카네이션은 장미, 국화, 튤립과 함께 세계 4대 절화로
꼽히며 재배 역사가 2,000년이 넘는 식물이다. 같은 속인
패랭이꽃과의 교잡종이 재배되어 패랭이꽃과 흡사한 품종
(향카네이션², 향패랭이)도 있다.

지금 우리에게 익숙한 모습의 카네이션은 19세기에 프
랑스에서 육종된 네 가지 종이 영국과 미국으로 건너와 온
실 절화용(꽃다발용)으로 다양하게 섞인 품종들로 우리나
라에는 1925년경에 도입되었다. 본래 자연에서 볼 수 있는
카네이션 꽃의 색상은 연분홍과 자주색 계열인데, 원예종
으로 가장 유명한 건 빨간색이며 그 외에 흰색이나 노란색,
주황색, 초록색 등 다양한 색상의 꽃을 볼 수 있다.

카네이션의 속명 *Dianthus*(디안투스)는 식물학의 시조
로 꼽히는 고대 그리스의 철학자 테오프라스토스가 지
은 이름이며, '신'을 뜻하는 θεός(디오스)와 '꽃'을 뜻하는
ἄνθος(안토스)의 합성어다. 풀이하면 '신의 꽃'이 되겠다.

영명인 Carnation(카네이션)은 '대관식'을 뜻하는 coronation(코로네이션)에서 왔다고 추측하는데[라틴어 corona(코로나)는 '화환', '왕관'을 의미한다], 그 이유는 카네이션이 고대 그리스의 의식, 의례에서 화관으로 가장 많이 쓰던 꽃이기 때문이다. 조금 다른 설도 있다. 원예종이 아닌 자생종이 띠는 연한 분홍색이 얼핏 피부색(그리스인의 뽀얀 살색)과 비슷한 탓에 incarnation(인카네이션, '하나님의 성육신'이란 뜻)에서 유래했다는 것이다. 성경에 카네이션이 중요한 모티브로 자주 등장하는 걸 보면 충분히 설득력이 있는 설이다.

세계 4대 절화답게 카네이션을 주고받는 문화에는 다양한 의미가 깃들어 있다. 일단 가장 유명한 붉은 카네이션은 우리나라에선 부모와 스승에게 감사하는 마음을 전하는 의미로, 미국에서도 역시 붉은 카네이션과 흰 카네이션은 어머니의 날을 기리는 데 쓴다. 붉은색 카네이션은 전 세계 역사적으로 근로자의 날May Day과 혁명을 상징하는

---

1 원래 Carnation이란 영명은 *Dianthus caryophyllus*에만 특정되었으나 지금은 다른 잡종이나 패랭이꽃속 식물들도 아우르는 경우가 많다.

2 향카네이션은 하나의 줄기에 꽃송이가 여러 개 달리며 온실 재배되어 연중 개화하는 품종이다.

나의 쓰임과 구별법을 알려줄게요

꽃이었다. 녹색 카네이션은 아일랜드에서 종교적 축제인 성 패트릭의 날, 또 동성애의 상징으로 쓰이기도 한다.

카네이션은 낮의 길이가 12시간 이상일 때에 꽃을 피우는 식물(장일식물)로서 약간 시원한 기후인 20~24℃에서 장시간 해를 봐야지만 정상적인 성장이 가능하다. 그래서 가정의 달인 5월에 많이 들여와 실내에서 여름을 보낼 때 약간의 고비를 맞게 된다. 하지만 이 시기만 잘 넘기면(특히 향카네이션의 경우) 꽃을 오래 볼 수 있다.

◦ 카네이션의 속명 *Dianthus*는
  '신의 꽃'을 뜻한다
◦ 영명인 Carnation은 대관식에서
  쓰던 화환에서 유래했다는 설이
  있다

"화려하니까 화환에 딱이죠"

238

붉은색 카네이션은 사랑과 혁명,
흰색 카네이션은 어머니 은혜,
녹색 카네이션은 동성애…
2,000년의 역사가 있는 만큼
문화 속의 의미도 다양하다

"저보다 돈이 좋다는 그 말씀,
못 들은 걸로 할게요"

패랭이꽃과 카네이션의 교잡종
보기에는 패랭이꽃 같다

나의 쓰임과 구별법을 알려줄게요

떡 아래에
잎사귀를 깔면

떡갈나무

너의 이름은?

학명	*Quercus dentata*
국명	떡갈나무
영명	Korean oak, Daimyo oak
별명	가랑잎나무
유통명	떡갈나무

어떻게 키울까?

종류	목본(낙엽활엽교목)
분류	참나무과 참나무속
원산지	한국, 일본, 중국
자생지	동아시아 (한국, 러시아, 일본, 대만, 중국, 몽골)
분포지	양지바른 산기슭, 밭둑, 비옥한 산지
생육 형태	여러해살이
높이	~20m
개화기	5월
특징	건조한 기후와 가뭄을 잘 견딘다, 공해에 강하다

회갈색의 나무껍질, 넓게 퍼지며 자라는 굵은 나뭇가지, 잔물결이 치는 듯한 큰 톱니를 두른 나뭇잎… 모두 참나무속 식물들의 특징이다. 참나무속 나무로는 떡갈나무, 신갈나무, 갈참나무, 졸참나무 등이 있다. 그중에서도 떡갈나무는 한국, 일본, 중국 등 동아시아에 분포하는 거대한 나무(교목)로 오래된 나무는 줄기의 지름이 1m에 달하기도 한다. 잎은 크고 두껍다. 참나무속 중에서도 가장 큰 편으로 최대 40cm까지 자란다. 앞면은 뒷면보다 색이 진하고 윤기가 돈다. 나무껍질 색은 나이가 든 고목일수록 검은 빛깔을 띤다.

떡갈나무는 국명만큼이나 학명도 소리 내어 읽기 예쁘다. *Quercus dentata*(퀘르쿠스 덴타타). 속명인 *Quercus*(퀘르쿠스)는 '참나무'를 뜻하는 라틴어 querneus(퀘르네우스)가 어원으로 '좋은 목재'를 의미하는 켈트어에서 유래했단 설이 있다. 켈트어가 기원전 드넓은 유럽 대륙에서 쓰던 언어라는 점을 봤을 때, 그리고 실제 고대 유적지에서 참나무속의 열매인 도토리가 종종 발견되곤 하는 걸 봤을 때, 인류의 오랜 문명과 함께해온 식물이란 점을 생각할 수 있다. 참고로 와인병 마개로 쓰는 코르크cork를 만드는 재료가 보통 떡갈나무 껍질인데 코르크 역시 같은 어원에서 유래한 단어다.

종소명인 *dentata*(덴타타)는 라틴어로 '톱니모양의'라는 뜻이다. 좀더 자세히 살펴보면, '이'(치아)를 뜻하는 dens(덴스)와 '~을 가진'이란 뜻의 -atus(-아투스)가 만난 dentatus(덴타투스)의 활용형이다. 큰 톱니가 있는 잎의 생김새에 아주 잘 어울리는 이름이다.

꽃은 5월에 피고, 열매는 10월에 익는다. 이 열매가 도토리다. 참나무속 나무에서 열리는 열매는 모두 도토리라고 한다. 도토리는 과거 대표적인 구황 작물이었다. 가루를 내서 떫은맛을 없앤 뒤에 묵을 만들어 먹었다.

널따란 잎도 음식에 활용이 되었다. 국명이 '떡갈'나무인 것도 '떡 아래에 까는'이란 말에서 유래했다는 이야기가 있다. 떡갈나무의 싱싱한 잎을 떡을 찔 때 깔거나 찐 떡을 감쌀 때 쓰면 은은한 향을 내기도 하지만 방부제 효과가 있어서 떡이 금세 상하지 않게 한다고 한다. 특히 함경도에선 수수가루 반죽으로 만든 떡을 떡갈나무, 상수리나무 등 참나무속의 잎사귀에 싸서 찌는데 이를 가랍떡[1]이라고 한다. 이와 비슷한 음식은 중국과 일본에도 있다.

1 참고로 참나무의 옛 이름은 가랍나무다.

- 떡갈나무의 학명 *Quercus dentata*는
  각각 '참나무', '톱니 모양의'라는
  뜻이다
- 잎을 떡 아래 깔아놓고 쪘다고
  해서 떡갈나무라는 이야기가 있다

20m까지 키가 큰다

나무껍질로
코르크를 만든다

톱니모양의 잎
40cm까지 자란다

"참나무속 나무의 열매는
죄다 도토리라고요!"

잎사귀에 떡을 싸서
쪄 먹기도 했다

나의 쓰임과 구별법을 알려줄게요

가난한 이들을 구한
허브

민들레

너의 이름은?

학명	*Taraxacum platycarpum* (서양민들레: *Taraxacum officinale*)
국명	민들레
영명	Korea dandelion, Dandelion
유통명	민들레

어떻게 키울까?

종류	초본
분류	국화과 민들레속
원산지	한국, 중국, 일본 (서양민들레: 유럽)
자생지	전 세계
분포지	반그늘 양지 어디에서나
생육 형태	여러해살이
높이	10~30cm
개화기	3~5월
특징	번식력이 강하다, 식용과 약용으로 널리 쓰인다

길에 흔히 피어 있어서 모르는 사람이 없을 정도로 친근한 식물, 민들레. 국화과 식물로 볕이 닿는 곳이면 어디에서든 뿌리를 내리고 꽃을 피우는 엄청난 번식력과 적응력을 갖고 있다. 민들레라는 국명은 '문 둘레에서 자라는 풀'이란 비유에서 왔다는 설, 또는 '민+달래'의 단어 조합에서 왔다는 설 등 여러 추측이 있지만 확실한 것은 없다.

잎은 긴 줄기에서 퍼져나가는 형태가 아니라 뿌리 위로 납작하게 뭉쳐 나와 둥그렇게 퍼지는 로제트형으로 자란다. 잎사귀 크기는 한 뼘 정도, 가장자리가 깊이 패여 아주 큰 톱니 모양을 띤다. 이 모양이 마치 날카로운 짐승의 이빨을 떠올리게 했는지 이에 빗댄 이름이 참 많다. 그중에서 민들레를 일컫는 영명 Dandelion(댄딜라리언)은 프랑스어 dent de lion(당 드 리옹)에서 유래한 것으로 풀이하면 '사자의 이빨'이란 뜻이다.

여기서 또 하나 재미있는 사실이 있다. 우리가 익히 보아 알고 있는 그 노란색 꽃은 실은 아주 작은 낱낱의 꽃이 모인 수십 송이 꽃이다. 이런 꽃을 두상화[1]라고 한다. 국화과의 꽃은 대개 이런 형태를 띤다. 이 수십 송이 꽃은 바람에 잘 날리는 홀씨가 되어 주변의 땅으로 쉽게 날아가며 특히 외래종인 서양민들레의 경우 자가수분이 잘 일어나 더 쉽게, 더 많이 퍼진다.

한편 민들레는 뿌리가 깊게 박혀 쉽게 파내기 어려운 탓에 농작물이나 정원식물의 식생에 피해를 주는, 침입성이 강한 잡초로 분류되기도 한다. 하지만 한편으로는 여러모로 인간에게 유용한 쓰임새를 주는 고마운 식물이기도 하다. 날카로운 사자 이빨처럼 생겼어도 어린잎은 샐러드나 나물로 먹을 수 있는 훌륭한 식재료이며, 뿌리 또한 식용 및 약용으로 쓰여 구황식물로서의 역할을 톡톡히 한다. 다만 어리지 않은 잎이나 야생에서 자란 경우는 쓴맛이 강하다.

자, 그럼 이제 학명을 보자. 속명인 *Taraxacum*(타락사쿰)은 '빈곤한 풀'을 의미하는 중세 페르시아어에서 유래했다고 한다. 과거에 매우 빈곤한 사람들이 약초로 쓰던 허브이기 때문이다. 종소명인 *platycarpum*(플라티카르품)은 '넓은', '납작한'이라는 뜻의 고대 그리스어 πλατύ(플래티)와 '열매'를 의미하는 καρπός(카르포스)의 합성어다. 민들레의 열매가 납작하기 때문에 붙은 이름이다.

그런데 여기서 약간 당혹스러운 사실이 하나 있다. 우리가 도시에서 흔히 보는 민들레는 사실 민들레가 아니다. 서양민들레다. 민들레와 서양민들레는 유사종이다. 즉 식물의 생김새와 생육 형태 등이 조금 다르다. '민들레'라는 국명은 우리나라 토종(자생종) 민들레를 지칭하며 도시에서 보기 어렵다. 공해에 약하기 때문이다. 반면에 서양민들레는 공해에 강하다. 서양민들레는 외국에서 우리나라에 들어와 토착화된 귀화식물[2] 중 하나다. 지생종인 민들레와 달리 전체적으로 크고 꽃이 가을까지 계속 피는 것으로 쉽게 구별할 수 있다고 한다. 서양민들레의 종소명은 '약용의'라는 뜻의 라틴어 *officinale*(오피시날)이다. 말 그대로 약으로 쓰기 때문에 붙은 이름이다.

1 두상화頭狀花. 꽃대 끝에 꽃이 많이 붙어서 머리 모양을 이루었다는 의미다. 민들레, 국화, 해바라기가 바로 이런 두상화다.

2 우리나라에 들어와 자생식물을 밀어내고 살아난 만큼, 귀화식물은 생명력과 번식력이 강하다는 게 특징이다. 서양민들레, 토끼풀, 달맞이꽃 등이 있다.

나의 쓰임과 구별법을 알려줄게요

민들레의 속명 *Taraxacum*은
'빈곤한 풀'이라는 뜻이다
옛날 가난한 사람들이 약초로 썼다
영명 Dandelion은
'사자 이빨'이라는 뜻이다
정말로 잎의 모양이 뾰족하다

보기엔
꽃 한 송이지만
사실은 수십 송이

"어흥!
내가 그렇게 날카로워요?"

뾰족뾰족 이빨 모양의 **잎**

굵고 억센 **뿌리**

약이 되었던
어린순

아스파라거스

너의 이름은?

학명	*Asparagus officinalis*
	(원예종: *Asparagus setaceus*)
국명	아스파라거스
	(원예종: 아스파라거스 세타케우스)
영명	Asparagus
유통명	아스파라거스

어떻게 키울까?

종류	초본
분류	백합과 비짜루속
원산지	유럽 남부, 러시아, 폴란드, 남아프리카
자생지	전 세계
분포지	열대우림에서 사막 근처까지, 배수가 좋은 토양
생육 형태	여러해살이
높이	10~150cm
특징	관상용의 경우 독성이 있다

아스파라거스라고 하면 대개 마트에 진열되어 있는 기다란 채소를 떠올리는 사람이 많을 것이다. 그런데 사실 아스파라거스는 자생종과 원예종을 합쳐 300여 종의 식물이 속해 있는 비짜루속 전체를 일컫는 이름이다.

아스파라거스는 유럽 남부와 러시아, 그리고 폴란드의 초원이 원산지로 알려져 있으며 역사가 무척 깊다. 기원전 약 3000년 이집트의 오래된 기록에서도 발견되는 만큼, 인류사의 시작과 함께해왔다고 할 수 있다. 고대 로마의 아우구스투스 황제는 이 채소를 운반하기 위해 아스파라거스 함대라는 것을 만들었다고도 전해진다. 또한 아스파라거스를 이용한 레시피는 현존하는 가장 오래된 레시피로 꼽힌다. 보통은 스튜, 스프, 샐러드, 가니시에 쓰며 아시아에서는 볶음요리에 넣는 경우가 많다. 참고로 우리가 먹는 아스파라거스의 모습은 가지나 잎이 나오기 전의 어린 줄기로, 더 자라게 되면 쓴맛이 있어 먹기가 어렵다. 식용 아스파라거스가 전 세계에 알려진 건 16세기 후반이며 1970년대에는 우리나라에서도 재배를 하기 시작해 이제는 널리 사랑받는 식재료가 되었다.

학명을 보자. 속명인 *Asparagus*(아스파라거스)는 '순'(어린 줄기)을 뜻하는 고대 그리스어, 페르시아어 등에서 유래했다고 하나 워낙 오래전부터 그렇게 불렀고 학자들이 발견하고 붙인 이름이 아니기에 어원이 정확히 밝혀지지 않았다. 또한 이 속명은 보통명으로도 널리 부르며 다른 별명은 거의 없다.

아스파라거스는 독특한 맛 때문에 채소로 널리 쓰이지만 이뇨 및 진통 작용이 있어 오래전부터 의학적으로 이용되기도 했다. 식용 아스파라거스의 종소명은 *officinalis*(오피시날리스)로 이는 약용으로 쓰는 식물에 흔히 붙는 종소명이다. 라틴어로 '약으로 쓸 수 있는'이란 뜻이다. 옛날 의약품을 보관하던 수도원 창고를 라틴어로 officina(오피키나)라고 했는데 아스파라거스도 이곳에 저장하는 약초 중 하나였던 것이다.

오피시날리스종을 제외한 나머지는 관상용으로 기르는 경우가 많다. 그중 하나가 잎의 생김새가 고사리처럼 생겨 아스파라거스 고사리(영명: Asparagus fern)라고 부르는 식물이다. 학명은 *Asparagus setaceus*(아스파라거스 세타케우스). 종소명 *setaceus*(세타케우스)의 뜻은 '가시 모양의', '단단한 털이 있는'이라고 한다. 실제로 줄기에서 여러 가닥으로 뻗어나가는 부드럽고 가느다란 털실 같은 잎이 특징이다. 연둣빛으로 하늘거리는 매력적인 모습에 플랜테리어 식물로 최근 들어 인기가 많다. 실외에서는 잡초라고 부를 정도로 빠르게 퍼지지만 실내에선 아주 천천히 자란다. 고사리처럼

나의 쓰임과 구별법을 알려줄게요

보이지만 과습에 약하기 때문에 주의해야 한다. 가끔 잎이 노랗게 되는 일이 있는데 공기 중 또는 흙이 건조해 그런 것이니 습도를 높이고 물을 좀더 자주 주면 해결된다.

- 아스파라거스라는 이름은 아주 오래전부터 쓰여 어원이 정확하지 않다
- 종소명 *officinalis*는 '약이 된다'는 뜻이다

관상용 아스파라거스
잎이 털실처럼 부들부들하다
고사리를 닮았다

식용 아스파라거스
어린 줄기에서 독특한 맛이 난다
연필처럼 생겼다

새순이 나오고 있는
식용 아스파라거스

가시 같은, 단단한 털 같은 잎이 나는
관상용 아스파라거스

나의 쓰임과 구별법을 알려줄게요

약으로 쓰는
바다의 이슬

로즈마리

너의 이름은?

학명	*Rosmarinus officinalis*
국명	로즈마리
영명	Rosemary
유통명	로즈마리

어떻게 키울까?

종류	초본, 목본(상록활엽관목)
분류	꿀풀과 로즈메리속
원산지	남유럽 지중해 연안
자생지	남유럽 지중해 연안
분포지	양지바르고 배수가 잘되는 사질양토
생육 형태	여러해살이
높이	~150cm
개화기	3~7월, (기온에 따라) 연중 개화
특징	과습에 약하다, 해충에 강하다, 추위와 가뭄, 건조함을 잘 견딘다

특유의 청량한 향으로 대표적인 허브식물로 꼽히는 로즈마리(표준국어대사전에 따른 정확한 우리말 표기는 로즈메리)는 화장품의 원료, 요리에 곁들이는 향신료 등으로 우리의 일상 곳곳에 아주 가까이 있는 식물이다.

로즈마리의 학명은 *Rosmarinus officinalis*(로즈마리누스 오피시날리스)다. 속명인 *Rosmarinus*(로즈마리누스)는 라틴어로 '이슬'을 뜻하는 ros(로스)와 '바다의'를 뜻하는 marinus(마리누스)의 합성어로 '바다의 이슬'이라는 뜻이다. 로즈마리가 지중해 연안처럼 온난한 해안가 기후에서 잘 자라는 식물이기 때문에 지어진 이름이다. 그런데 온난한 기후에서만 살 수 있는 건 아니다. 추위와 가뭄에도 잘 견뎌 온대와 난대 지역에서도 재배가 가능하다.

로즈마리는 기원전 수천 년의 고대 기록에도 남아 있지만 허브식물로서 다루어진 구체적인 기록은 1세기경으로 알려져 있다. 로마의 정치가이자 학자였던 플리니우스가 천문학, 지리학, 식물학 등 다양한 분야에 대해 백과사전식으로 기술한 《박물지Naturalis Historia》에서 허브의 역사를 소개한 부분에 로즈마리가 등장한다. 그러니깐 지중해 연안에 자생하던 로즈마리가 그로부터 수백 년에 거쳐 중국과 유럽, 아메리카 대륙에 퍼져나갔고 오늘날에는 전 세계가 사랑하는 허브가 된 것이다.

종소명인 *officinalis*(오피시날리스)는 약용식물에서 흔히 볼 수 있는 이름이다(아스파라거스, 세이지의 종소명도 똑같다). 그도 그럴 것이 라틴어로 '약으로 쓸 수 있는'이란 뜻을 가지고 있다. 과거 의약품을 보관하던 수도원 창고를 라틴어로 officina(오피키나)라고 했는데 이 말에서 유래했다고 한다. 여하간 로즈마리속에 속한 종은 몇 가지가 되는데, 지금 우리가 보통 '로즈마리'라고 부르며 요리에 활용하는 향기로운 허브는 이 오피시날리스종을 말한다.

외형적인 특징은 일단 잔가지가 많다. 잎은 1.5~3.5cm 길이로 약간 납작한 침형이다. 그리고 앞쪽에는 약간 광택이 돌고 뒤쪽에는 회색빛 솜털이 나 있다. 1년 내내 온화한 곳에서 자라는 경우가 아니면, 대체로 5~7월에 가지 위쪽에 지름 1cm짜리 꽃눈이 생기면서 연하늘색 또는 연보라색 꽃이 핀다. 꽃은 물론 잎도 향이 아주 강해서 가벼운 바람에도 금세 향기가 퍼진다.

학명에 드러나 있듯, 예로부터 다양한 민간요법에 활용되었다. 살균과 소독, 방충제로 쓴 것은 말할 것도 없고 악귀나 전염병을 물리친다고 여겨져 유럽에서는 마치 부적을 붙이듯 문 위에 올려놓거나 병자의 침실에 놓아두었다고 한다.

허브로서의 활용도는 엄청 다양하다. 고기나 생선 요리

나의 쓰임과 구별법을 알려줄게요

를 할 때 잡내를 없애거나 깊을 향을 내기 위한 재료로 쓰고, 말린 잎과 꽃으로 차를 우려 마시며, 추출한 오일은 심리적인 안정을 위한 아로마 테라피에 이용한다(다만 식물체 자체를 먹는 건 문제가 없지만 추출한 오일은 휘발성과 방향성이 매우 강하기 때문에 임신 중인 사람이나 작은 동물들에게는 영향을 줄 수 있다는 보고가 있다).

로즈마리의 학명 *Rosmarinus officinalis*는 '약으로 쓸 수 있는 바다의 이슬'이란 뜻이다

잔가지가 많아
작아도 풍성해 보인다

"음~ 스멜~
나한테 좋은 냄새 나죠?"

잎의 앞면은 선명한 녹색빛

잎의 뒷면은 보송한 회색빛

꽃은 연분홍색, 연보라색

나의 쓰임과 구별법을 알려줄게요

우리의 찬란한
구원자

살비아·세이지

너의 이름은?	살비아	세이지
학명	*Salvia splendens*	*Salvia officinalis*
국명	샐비어	세이지
영명	Scarlet sage	Common sage
별명	깨꽃, 약불꽃, 서미초	약불꽃
유통명	살비아, 사루비아	세이지

어떻게 키울까?	살비아	세이지
종류	초본	초본
분류	꿀풀과 샐비어	꿀풀과 샐비어속
원산지	남유럽, 지중해 연안	브라질, 멕시코
자생지	남유럽, 지중해 연안	브라질, 멕시코
분포지	온난하고 습도가 높은 고산지, 점토질 토양	
생육 형태	한해살이(원산지에서는 여러해살이)	
높이	20~80cm(원종은 최대 130cm)	
개화기	6~10월	
특징	더위에 강하다, 추위에 약하다, 병충해가 적다, 과습에 강하다(살비아)	

여름에 시골길을 걷다 보면 길가에 진한 빨간색 꽃들이 우르르 피어 있는 것을 보게 된다. 어른들에게는 '사루비아'라고 부르며 그 꽃을 따서 쪽쪽 빨아 먹었던 추억이 다들 있다고 한다. 정말이지, 가만 기억을 더듬어보면 화단의 사루비아 꽃나무 옆에 단물을 빨리고 버려진 꽃잎이 한 움큼씩 수북하고 그랬다. 그런데 사루비아는 이 식물의 학명을 일본식으로 발음한 거고 진짜 이름(보통명, 국명)은 샐비어다. 그렇지만 그보다는 살비아, 사루비아라고 더 많이 부른다.

샐비어속은 꿀풀과에서 가장 거대한 속으로 1,000여 종에 달하는 관목, 초본식물이 있다. 대표적으로 앞서 말한 관상용 꽃식물인 살비아(꿀을 먹긴 해도 제대로 식용은 아니다), 허브식물로 유명한 세이지가 있다. 다시 말해 살비아와 세이지는 친척이다. *Salvia*(샐비어)라는 이 둘의 속명은 라틴어로 '건강한', '(생명을) 구하는', '다치지 않는', '안전한'을 뜻하는 *salvus*(살루스)에서 유래했다고 한다.

그럼 각각의 종소명을 보자.

살비아의 종소명 *splendens*(스플렌덴스)는 '찬란한', '빛나는'을 뜻하는 라틴어다. 강렬한 포인트 색상, 특히 붉은색 꽃을 피우는 식물들에게서 흔히 볼 수 있는 종소명이다. 지중해 연안과 멕시코, 브라질 등지에 750여 종이 자생하고 있는 온난대 꽃식물로 봄에 파종해 여름부터 가을까지 꽃을 볼 수 있다. 우리나라에서는 깨꽃이라고도 하는데 잎 가장자리가 톱니 형태여서 들깻잎과 닮았으며 열매의 겉모습도 깨와 비슷하기 때문이다. 5~10월에 밝은 빨간색의 꽃이 가지와 줄기 끝에 피어닌다. 특유의 진한 붉은색이 아름다워 화단에 관상용으로 심기 좋다.

세이지의 종소명 *officinalis*(오피시날리스)는 '약으로 쓸 수 있는'이란 뜻의 라틴어가 어원이다. 속명인 *Salvia*와 함께 보면 '생명을 살리거나 상처를 치료하는 약으로 쓸 수 있다'는 의미로 풀이할 수 있다. 그 말은 즉, 세이지가 약용식물로서 쓰임이 많다는 것을 의미한다(그래서 약용 살비아라고 부르기도 한다). 실제로 세이지는 중세시대에 여러 증상의 치료제로 쓰여 '구원자 세이지'라 부를 정도였다. 해열, 소염, 지혈, 진정, 소화, 이뇨 등의 다양한 약효를 갖고 있어 수백 년 동안 온갖 질병의 치료제로 이용되었고 특히 기관지에 좋아 허브 캔디를 만드는 재료로 곧잘 쓰였다. 또한 다양한 육류 요리, 스프, 조림에 풍미를 더하는 용도로 넣는 향신료이기도 하다. 세이지는 양지바르고 물이 잘 빠지는 곳이면 어디서든 잘 자라기 때문에 다소 게으른 정원사, 원예가도 쉽게 길러볼 수 있는 허브다.

나의 쓰임과 구별법을 알려줄게요

- 속명인 *Salvia*는 라틴어로
  '건강한', '(생명을) 구하는',
  '다치지 않는', '안전한'을 뜻한다
- 세이지의 종소명은 '약용'을
  의미하고, 살비아의 종소명은
  '찬란한' 꽃을 나타낸다

실비아 꽃은
톡 빼서 물면 달다

잎이 깻잎과 닮아
별명이 **깨꽃**

세이지 꽃은
여리고 청초하다

거의 만병통치에
가까운 잎의 효능

탁월한 치료제라
별명이 **구원자 세이지**

나의 쓰임과 구별법을 알려줄게요

아카시아나무의
진짜 이름

아까시나무

너의 이름은?

학명	*Robinia pseudoacacia*
국명	아까시나무
영명	Black locust
유통명	아까시나무, 아카시아나무

어떻게 키울까?

종류	목본(낙엽활엽교목)
분류	콩과 아까시나무속
원산지	북아메리카
자생지	전 세계
분포지	양지바른 토양
생육 형태	여러해살이
높이	~25m
개화기	5~6월
특징	추위와 공해 그리고 건조함을 잘 견딘다, 적응력이 뛰어나다(침입성)

"동구 밖 과수원 길 아카시아 꽃이 활짝 폈네."

이 노랫말 속의 아카시아 꽃은 사실 아카시아나무의 꽃이 아닌 아까시나무의 꽃이다. 우리가 대부분 아카시아나무의 것으로 알고 있는 동요도, 꽃도, 꿀도 알고 보면 아까시나무가 주인이다.

아까시나무와 아카시아나무는 모두 콩과의 식물로 분류학상 가까우며 줄기에 가시가 있다는 공통점이 있어 예전엔 같은 아카시아속에 분류되어 있었다[아카시아의 어원은 '가시'를 뜻하는 그리스어 akis(아키스)에서 유래한다]. 그런데 이후에 비교를 해보니 원산지나 생태, 형태가 달라 나중엔 서로 다른 속으로 분류되었다.[1] 아까시나무는 북아메리카 원산으로 최대 25m까지 자라나는 거대한 낙엽활엽수로 타원형 이파리가 9~19개 달리며 (우리에게 매우 익숙한) 유백색의 향기로운 꽃이 주렁주렁 피는 것이 특징이다. 반면 아카시아나무는 유럽, 오스트레일리아에 자생하며 잎은 자귀나무나 미모사처럼 생겼고 노란색 털 방울 같은 꽃이 핀다. 둘 중 우리나라의 산야에서 흔히 볼 수 있는 '아카시아'나무는 대부분 아까시나무다.[2]

그리하여 아까시나무의 새로운 종소명은 *pseudoacacia*(슈도아카시아)가 되었는데 이 이름은 '가짜 아카시아'란 뜻이다. 라틴어로 pseudo-(슈도-)는 '가짜의', '거짓의'라는 뜻의 접두사다. 즉 아카시아나무와 닮긴 했지만 '아카시아나무가 아니다'라는 뜻이다. 예전엔 모두 아카시아로 여겨졌던 나무가 서로 다른 분류(속)로 나뉘면서 다른 하나에는 가짜라는, 어찌 보면 다소 억울한 이름이 붙게 된 것이다.[3]

여기에는 사연이 있다. 우리나라에 아까시나무가 들어온 것은 일제강점기다. 일본은 아까시나무를 도입했을 때 '슈도아카시아'라는 종소명의 뜻 그대로 '니세[僞]아카시아' 즉 가짜 아카시아라는 이름으로 부르고 있었는데, 이 나무가 우리나라로 들어오면서 '니세'가 빠지고 간단하게 '아카시아'가 된 것이다. 그러다 보니 나중에 (진짜) 아카시아나

---

1 아까시나무의 속명인 *Robinia*(로비니아)는 17세기 유럽에 이
   식물을 처음 들여온 프랑스 원예학자 장 로뱅의 이름을
   라틴어식으로 만든 것이다.

---

2 아까시나무의 하위 분류는 콩아과, 아카시아나무의 하위
   분류는 미모사아과로 아카시아나무는 아까시나무보다
   자귀나무, 미모사와 유전적으로 더 가깝다.

---

3 참고로 꽃, 꿀, 땔감용 연료는 아까시나무에서, 가구용
   목재나 수액은 아카시아나무에서 주로 얻는다. 재미있는
   것은 아까시나무 꽃의 꿀은 해외에서도 그냥 아카시아 꿀로
   부른다는 것이다.

무가 한국에 들어오게 되었을 때 두 나무의 이름이 같아 혼란을 낳았다.

아까시나무는 우리나라에 19세기 말에서 20세기 초에 처음 들어와 이제는 산과 들에서 흔히 볼 수 있는 나무가 되었다. 아까시나무가 우리나라에 들어와 근대에 번성한 이유는 토질과 환경을 가리지 않고 잘 자라는 침습적인 성격이 강해 목탄과 땔감 등을 얻기 위한 삼림을 조성하고 토사가 흘러내리는 것을 막아줄 지피식물로 적절했기 때문이다. 그래서 아까시나무는 구한말부터 한국전쟁 이후까지 우리나라 전 국토에 대규모로 심겨 황폐한 민둥산을 덮어주고 자원을 공급하는 등 기초 생태계를 복원하는 역할을 톡톡히 해주었다.

- 우리가 알고 있는 아카시아나무의
  진짜 이름은 아까시나무다
- 아까시나무의 종소명 *pseudoacacia*는
  '가짜 아카시아'라는 뜻이다

"실은 아까시예요. 내 이름"

하얀 꽃이 길게 주렁주렁
바람이 불면 향기와 함께
마구 흩날린다

콩과 식물이라
꼬투리 속에 씨앗이 들었다

원래는 잎이었던 가시

진짜 아카시아나무의 꽃
"저 호주 살아요"

　　　　　　　　　　나의 쓰임과 구별법을 알려줄게요

저는 수련이
아니에요

알로카시아 · 콜로카시아

너의 이름은?

학명	*Alocasia* spp.	*Colocasia* spp.
국명	알로카시아	콜로카시아
영명	Giant upright elephant ear, Night-scented lily, Asian taro	
유통명	알로카시아	콜로카시아

어떻게 키울까?

종류	초본	
분류	천남성과 알로카시아속	천남성과 콜로카시아속
원산지	동남아시아	
자생지	전 세계 열대·온대 지역	
분포지	열대 기후의 습지, 늪지대	
생육 형태	여러해살이	
높이	1~10m	
개화기	8~10월	
특징	높은 온도와 습도를 좋아한다, 건조함에 약하다, 번식력이 뛰어나다(침입성), 독성이 있다(알로카시아)	

화원에 가면 이름도 비슷하고 생김새도 비슷해서 헷갈리는 식물들을 흔히 보게 된다. 그중 하나가 알로카시아와 콜로카시아다. 그도 그럴 게 알로카시아속과 콜로카시아속(토란속)은 모두 천남성과에 속하며 유전적으로 서로 가까운 친척이다. 그래서 무척 비슷하게 생겼다. 비대한 뿌리에서 나오는 굵은 잎자루, 큼직하게 펼쳐지는 잎, 달걀 같은 불염포(육수꽃차례의 꽃을 싸고 있는 포가 변형된 것)에 싸인 꽃까지. 참고로 콜로카시아속의 대표적인 식물이 우리에게 친근한 토란이다(토란의 학명은 *Colocasia esculenta*). 마트에서 파는 식재료로서의 토란은 땅속에서 캐낸, 동글동글한 알줄기(알토란)[1]이기 때문에 토란이 콜로카시아처럼 생겼다는 걸 떠올리기 어려운데 땅 위의 줄기와 이파리의 모습은 영락없는 콜로카시아다.

알로카시아와 콜로카시아는 열대의 초본식물을 아우르는 식물군으로 코끼리 귀처럼 생긴 매우 넓은 잎이 아름답다. 열대 지역에서는 자생종과 재배종 사이의 구분이 어려울 정도로 번식력이 강한 게 특징이다. 우리가 식용으로 먹는 토란을 빼고 두 속에 속한 종들은 모두 관상식물로 잘 알려져 있다. 그럼 이 둘을 어떻게 구분할까? 사실 이 두 속은 생김새는 비슷하지만 식생이나 번식 방법 등에서는 차이가 뚜렷하다. 가장 쉬운 구별법은 잎의 광택 유무를 보는 것이다. 알로카시아는 잎(특히 새잎)에 반짝반짝 광이 나지만, 콜로카시아는 광택이 전혀 없는 보드라운 잎을 갖고 있다.

학명을 보자. *Alocasia*(알로카시아)라는 학명은 *Colocasia*(콜로카시아)에서 파생된 이름이라는 것만 알려져 있다. 콜로카시아라는 학명은 본래 다른 식물을 부르던 이름이 와전된 것으로, 고대 이집트에서 재배하던 '수련의 뿌리줄기'를 뜻하는 고대 그리스어 κολοκασία(콜로카시아)에서 유래했다고 한다. 그런데 어째서 수련과 토란을 헷갈렸던 것일까? 꽃 모양만으로도 쉽게 구별할 수 있는 식물인데 말이다. 사실 당시 이집트의 식생에서는 수련의 꽃을 보기가 어려웠다고 한다. 그래서 큰 뿌리와 넓게 펼쳐지는 잎, 그리고 식생의 유사함만 보고 많은 사람이 두 식물을 헷갈려 잘못 기록한 것으로 추측만 하고 있을 뿐이다.

알로카시아와 콜로카시아가 플랜테리어 식물로 꼽히는 것은 역시 잎 때문이다. 거대한 구근에서 나와 드라마틱하게 펼쳐지는 이파리 한 장만으로도 이국적인 분위기를 풍긴다. 밝은 초록빛 잎을 내는 *Alocasia odora*(알로카시아 오도라)가 대표적이다. 또한 흔히 거북알로카시아라고 부르는 *Alocasia sanderiana*(알로카시아 산데리아나)는 줄기 없이 잎자루에서 거북이 등껍질 같은 무늬가 있는 잎이 나와 독특함을 자랑한다.

알로카시아는 반그늘의 배수가 잘되는 흙을 좋아해서 실내에서 기르기가 좋다. 과습할 경우 무름병에 걸리기 쉬우니 잎에 물이 맺히면 가만히 두었다가 흙이 완전히 마른 뒤에 주어야 한다. 반면에 콜로카시아는 양지바른 곳의 축축한 땅을 좋아하고 햇볕을 충분히 받아야 하기 때문에 보통은 월동이 가능한 정원에서 기르는 게 좋다.

1 땅속줄기가 크고 동그랗게 알 모양을 이루는 것. 양분을
  저장한다. 토란과 감자가 대표적이다.

나의 쓰임과 구별법을 알려줄게요

- 알로카시아는 콜로카시아에서
  파생된 이름이다
- 잎이 코끼리 귀처럼 커서
  서양에서는 Elephant ear라고도
  한다

알로카시아
보기에는 고와도 독성이 있다

줄기가 위로 길게 뻗으며 자란다

코끼리 귀처럼 큼직한 잎이
매력 포인트

양분을 저장하는 통통한
알줄기

알로카시아의 잎

반짝반짝 광이 나고 매끈하다

거북알로카시아의 잎

진한 색과 무늬가

거북이 등을 떠오르게 한다

"거북이 등딱지 닮음?"

콜로카시아의 잎

광택이 없고 보드랍다

285   **나의 쓰임과 구별법을 알려줄게요**

주요 참고

논문

〈유통되고 있는 실내조경 식물명과 학명과의 차이〉, 방광자, 최경옥, 이태영,
　　한국조경학회지, 2001

〈조경식물명의 유래에 관한 고찰〉, 황중락, 한국전통조경학회지, 1991

〈조경식물의 학명에서 종명의 어원 연구〉, 최상범, 한국조경학회지, 1993

〈한국 수목명의 유래에 관한 연구〉, 황중락, 한국전통조경학회지, 1992

책

《Etymological Dictionary of Succulent Plant Names》, Urs Eggli, Leonard E.
　　Newton, Springer Science & Business Media, 2004

웹사이트

국제식물명목록(IPNI) www.ipni.org

국가표준식물목록 www.nature.go.kr/kpni/index.do

네이버 카페 '들꽃카페'의 라틴학명 해설 페이지
　　cafe.naver.com/wildflower/book1032186/68860

더 플랜트 리스트(TPL) www.theplantlist.org

라틴-한글 사전(가톨릭대학교 출판부)
　　dict.naver.com/lakodict/#/main

메리엄-웹스터 사전 www.merriam-webster.com

위키피디아 각 식물 페이지 www.wikipedia.org

윅셔너리(위키낱말사전) en.wiktionary.org

화우의 야단법석 꽃이야기 www.indica.or.kr/xe/flower_story/9152533

보조 참고

논문

〈조경식물 학명의 발음에 관한 연구〉, 최상범, 한국조경학회지, 1998

〈《조선식물향명집》 "사정 요지"를 통해 본 식물명의 유래〉, 조민제, 이웅,

　　최성호, 한국과학사학회지, 2018

책

《교양 영어 사전 2》, 강준만, 인물과사상사, 2013

《세상을 바꾼 나무》, 강판권, 다른, 2011

《식물 이야기 사전》, 찰스 스키너, 윤태준, 목수책방, 2015

《재미있는 우리 꽃 이름의 유래를 찾아서》, 허북구, 박석근, 중앙생활사, 2002

《한국 식물 생태 보감 1》, 김종원, 자연과생태, 2013

《한국 식물 생태 보감 2》, 김종원, 자연과생태, 2016

ℓ 03

식물의 이름이 알려주는 것

학명, 보통명, 별명으로 내 방 식물들이 하는 말

초판 1쇄 2020년 4월 20일
초판 2쇄 2021년 7월 5일

지은이 정수진

펴낸이 김한청
기획편집 원경은 차언조 양희우
마케팅 최지애 설채린 권희
디자인 이성아
경영전략 최원준

펴낸곳 도서출판 다른
출판등록 2004년 9월 2일 제2013-000194호
주소 서울시 마포구 동교로27길 3-12 N빌딩 2층
전화 02.3143.6478 **팩스** 02.3143.6479
이메일 khc15968@hanmail.net
블로그 blog.naver.com/darun_pub
페이스북 /darunpublishers
인스타그램 edit_darunpub

ISBN 979-11-5633-257-2 03480